U0147089

天下雜誌
觀念領先

THE INFINITE GAME

無限賽局

翻轉思維框架
突破勝負盲點
贏得你想要的未來

暢銷作家、新生代激勵導師
賽門·西奈克
SIMON SINEK

黃庭敏　譯

叉路上立著一個路標。
一邊寫著「勝利」，
一邊寫著「成就感」。
我們必須選一邊走。
我們會選擇哪一邊？

選擇勝利之路，
目標就是要贏！
當我們衝向終點線
會體驗到競爭的刺激。
大家會為我們加油！
然後就結束了。
大家就回家了。
（希望有機會再來一次）

選擇成就感之路，
旅程將是漫長的。
有時我們必須格外留心腳步；
有時我們可以停下來欣賞美景。
我們一直前進，
我們繼續前進，
路途上人們會加入我們的旅程。

當我們的生命來到盡頭時，
那些一起走在成就感之路上的人們，
將在我們的旅程終止後，繼續前進，
鼓舞更多人加入這趟旅程。

親愛的奶奶，

你走過的人生，就像沒有終點線一樣寬廣不受限
願我們都能學會過著如此無限的生活。

愛你的，賽門

Dear Grandma,

Because you lived as if there was no finish line.
May we all learn to live such an infinite life.

Love, Simon

CONTENTS

—— **作者序** ——

我為何寫這本書

　　這本書竟然有存在的必要，實在令人驚訝。人類歷史上，我們其實已經多次看到無限思維的好處。偉大社會的興起、科學和醫學的進步、太空探索，都是因為一群人為了共同的理念而團結在一起，儘管看不見明確的終點，仍然選擇合作。假如一枚探索太空的火箭墜毀了，我們會想辦法找出問題，然後再試一次、再一次、再一次。即使這次成功了，我們仍會繼續前進。我們不是為了年終獎金而努力，而是因為我們感覺自己在為比小我更偉大的事物做出貢獻，為了真正有價值的事物、

在我們一生結束以後仍會繼續存在的事物。

　　儘管有種種好處，但要以無限、長期的眼光行事並不容易，需要刻意練習。人類碰到令我們不舒服的問題時，會自然傾向尋求立即的解決辦法，為了達成目標，我們會追求快速獲勝。我們傾向用成功和失敗、贏家和輸家的角度來看待世界。這種預設的輸贏模式有時會在短期內奏效，但如果公司和組織也以這種模式為策略，長期下來可能會產生嚴重的後果。

　　這種預設思維導致的結果，大家都很熟悉：為符合武斷的財務預測而每年大規模裁員、嚴苛的工作環境、把股東的利益擺在員工和顧客之前、缺乏誠信和道德的商業行為，以及獎勵行為態度不佳的高績效團隊，無視於這些人對其他成員造成的傷害，或是獎勵那些只顧自己、不關心下屬的主管。這些事都會導致忠誠和參與下降，不安全感和焦慮增加，這些也是我們多數人現在感受到的情況。這種沒有人情味的、交易式的商業模式在工業革命後似乎加速發展，在現在的數位時代變得更加嚴重。事實上，我們對商業和資本主義的理解全都建立在短期、有限思維的框架之下。

　　雖然我們很多人對這種狀況感到灰心，但不幸的是，市場維持現狀的欲望，似乎比改變現狀的動力更強

大。當我們說「把人擺在利潤之前」之類的話，經常會遇到阻礙。許多主宰體制的人和領導者都告訴我們，我們太天真了，不了解商業運作的「現實」。結果我們有太多人因此放棄。我們勉強自己早上提心吊膽去上班、工作時毫無安全感，並且費力掙扎想在生活中尋找成就感。情況嚴重到，幫助人們尋找工作與生活之間難以捉摸的平衡，已經成為一個完整的產業。這讓我不禁想問，有沒有其他的選擇？

有沒有可能，也許、只是也許，那些憤世嫉俗者一直在談論的「現實」不一定是真正的現實。也許目前的商業體制並不「正確」，甚至不是「最好」。它只是我們習慣的體制，一個由少數而非多數人偏好和推動的體制。如果有這種可能，那我們就有機會創造一個不一樣的現實。

我們有能力建立一個世界，多數人每天醒來都充滿動力，工作時感到安全，一天結束時充滿成就感地回家。我主張的這種改變並不容易，但是絕對有可能。只要有好的領導者——優秀的領導者，這個願景就可以實現。優秀領導者的思考不會困在「短期」與「長期」的取捨。他們知道重點不只是下一季度或下一次選舉，重點是下一個世代。優秀領導者會建立他們離開後依然能

長久成功的組織，而當他們建立起這樣的組織，對我們每一個人、對商業，甚至於對股東帶來的利益，都會超乎想像。

　　我寫這本書不是為了改變那些想固守現狀的人，而是想號召那些準備好挑戰現況的人，為了創造一個能真正滿足人類最深層需求的新世界：感到安全、為比自己更遠大的事物貢獻力量，並且養活自己和家人。一個對個人、企業、社群和全人類都帶來最大利益的新世界。

　　如果我們相信，所有人每天都能充滿動力、安全和成就感的世界真的可能，如果我們相信領導者就是能實現這個願景的關鍵，那我們就有責任去尋找、引導和支持可能實現這種願景的領導者。其中很重要的一步，就是學會如何在無限賽局中領導。

賽門・西奈克

2019 年 2 月 4 日

英國倫敦

—— 前言 ——

怎樣才算勝利？

　　1968 年 1 月 30 日早晨，北越對美軍和盟軍發動突襲。接下來的二十四小時內，超過八萬五千名北越士兵與越共軍隊攻擊境內超過一百二十五個目標，殺得美軍措手不及。攻擊剛開始時，許多美軍將領都不在崗位上，跑去附近的城市慶祝 Tê't 了。

　　Tê't 是越南農曆新年，像西方的聖誕節一樣，是越南的重大節日。就像一次大戰期間碰到聖誕節會休戰，越南數十年來的慣例是 Tê't 那天不打仗。然而，北越高層把新年視為突襲的好機會，希望迅速終結這場戰

爭，於是決定一反慣例，發動奇襲。

令人驚訝的是，美國成功反制了每一場攻擊，無一例外。美軍不光是成功回擊，更殲滅了大批北越士兵。發動首波攻擊過後一星期，大部分主要戰事宣告結束，美國損失不到一千人，北越則損失超過三萬五千人！在順化市，戰事持續了近一個月，美軍有一百五十名海軍陸戰隊員陣亡，北越據估計有近五千名士兵陣亡！

如果我們仔細檢視整場越戰，會發現一個驚人的事實。美國實際上打贏了絕大部分的戰役。在美軍積極參戰的十年間，有五萬八千名美軍陣亡，北越則損失超過三百萬人，以北越的人口百分比來看，相當於美國在1968 年有兩千七百萬人喪生。

那我們不禁要問：為什麼美國幾乎贏下所有戰役、殲滅大部分敵軍，最終卻輸掉越戰呢？

01

有限賽局和無限賽局

跳脫勝負、平手、僵局之外，看懂自己身處的
賽局，才能選對策略、創造最大價值

　　只要有兩位玩家，賽局就成立。賽局又分為兩
種：有 限 賽 局（finite games）與 無 限 賽 局（infinite
games）。

　　有限賽局中，有既定、已知的玩家，以及固定的規
則。大家事前都有共識，達成某個目標後，賽局就結束
了。足球就是有限賽局。球員都身穿制服，容易辨識。
球賽有一套規則，也有數名裁判在場確保大家遵守規
則。全體參與者都同意按照規則打球，違規就該受罰。
大家都同意，在預定時間內拿到較高分數的那支隊伍便

獲勝。賽局就此結束,大家各自回家。有限賽局一定會
有開始、中場、結束。

　　相反地,無限賽局的玩家有些已知、有些未知,沒
有明確或事先同意的規則。雖然可能有慣例或規定來約
束玩家的行為,但玩家在這個寬鬆的範圍內想怎麼行動
都可以。玩家也可以打破慣例,如何進行這場賽局,完
全由玩家自己決定。而且不論何時、基於何種理由,玩
家都可以改變他們參與賽局的方式。

　　無限賽局沒有時間限制。因為沒有終點線、沒有真
正的結束,沒有人能真正「贏得」一場無限賽局。無限
賽局的首要目標是不停玩下去,讓賽局持續下去。

　　我對這兩種賽局的理解來自於理論的始祖卡爾斯教
授(James P. Carse)。1986 年,卡爾斯寫了《有限賽局
與無限賽局》(*Finite and Infinite Games*,暫譯)一書。
因為讀了這本書,我第一次從勝負、平手或僵局以外的
角度來思考賽局。我愈常用「有限與無限賽局」的角度
來看世界,愈發現生活中充滿各種無限賽局,既無終點
線,也沒有誰輸誰贏。在婚姻或友情中,沒有第一名;
我們或許有離開學校的一天,卻無法「贏下教育」;我
們可以打敗對手得到工作或升遷,卻沒有人能戴上職涯
贏家的冠冕;儘管全球各國競相爭奪土地、影響力或經

濟利益，卻沒有贏得全球政治這回事；無論人生多成功，死去之後沒有人會被稱為是人生的贏家；當然也沒有所謂的「贏得商業」。上面提到的每一件事都是旅程，而不是事件。

然而，如果我們仔細聽現在的領導者常說的話，很多人似乎不明白自己在參與什麼樣的賽局。他們常說要「贏」，滿心只想「打敗競爭對手」，對全世界宣布自己最厲害。他們說自己的目標是「成為第一」，只不過在沒有終點線的賽局中，上述種種都不可能發生。

當我們在無限賽局中用有限思維來領導，就會產生各種問題，最常見的就是信任、合作與創新受到損害。反之，在無限賽局中以無限思維來領導，確實能讓我們轉往更好的方向。採取無限思維的團隊不僅有更多信任感、合作與創新力，還會獲得更多好處。如果我們在不同時刻都在參與無限賽局，那對我們真正有好處的就是學習辨識自己參與的賽局類型，以及如何養成無限思維。同樣重要的是，我們必須學會發現自己掉入了有限思維，並在造成傷害之前及時調整做法。

商業的無限賽局

商場就是不折不扣的無限賽局。我們不認識全部的玩家，而且隨時都可能有新玩家加入賽局。玩家各自決定要採取什麼戰術或策略，沒有大家公認的一套固定規則，除了遵守法律（就連法律也因地區而異）。商場不像有限賽局，沒有預定的開始、中場或結束。儘管有普遍使用的特定時程（例如會計年度），大家會在這段時間內評估自己在眾多玩家之中的表現，但這些時程都只是賽局中的階段里程碑，沒有一個時間點能為賽局劃下句點，商業世界的賽局沒有終點線。

儘管企業參與的是一場不可能贏的賽局，許多領導者仍然維持只求勝利的玩法，迄今仍宣稱自己「最厲害」或是「第一名」。這種說法實在太常見，我們幾乎不曾停下來想一想其中某些說法有多荒謬。

每當我看到某家公司宣稱自己最強，是業界第一，我多半會仔細看一下定義，看他們是怎麼挑選衡量方式的。例如，英國航空（British Airways）多年來在廣告上宣稱他們是「世人最喜愛的航空公司」。布蘭森（Richard Branson）創辦的維珍航空（Virgin Atlantic）就向英國廣告標準局提出異議，表示根據近期的乘客調

查，這種說法不可能成立。但廣告標準局以英國航空載運最多國際旅客為由承認這套說詞。廣告中的「最喜愛」意思是營運範圍很廣，卻不一定是顧客的「首選」。

　　某家公司自稱的業界第一可能是指顧客人數；另一家公司的第一可能是營收、股價、員工數，或是在全球各地有幾處據點。這些自稱第一的公司甚至可以自訂統計的時間長短，有時是一季或八個月，有時是一年、五年，甚至十二年為計算區間。但同業都認同用這些比較基準嗎？有限賽局有公認的標準來評斷誰勝利，像是得分、速度或力度。無限賽局的評量基準卻不只一種，我們永遠沒辦法宣布是誰獲勝。

　　在有限賽局中，時間一到賽局就結束，球員改天可以再繼續比賽（生死決鬥就另當別論了）。無限賽局恰好相反，賽局本身會持續，但玩家的時間會用完。因為無限賽局沒有所謂的輸贏，玩家一旦耗盡資源，或喪失玩下去的意志，就會退出賽局。商場上稱為破產，有時則是合併或收購。所以，想在商場的無限賽局中成功，就必須停止再以誰是贏家、誰最厲害的方式思考，而該思考如何建立強健的組織，能夠延續到未來的世代。有點諷刺的是，當我們把目標放遠，公司短期表現其實也會受益。

兩種玩家：微軟 vs. 蘋果

　　幾年前，我受邀在微軟（Microsoft）的教育高峰論壇上發表演講。數月後，我又到蘋果公司（Apple）的教育高峰論壇演講。在微軟的論壇，多數講者都會提到如何打敗蘋果；而在蘋果的論壇，所有講者都把時間花在討論蘋果如何幫助老師教學、幫助學生學習。其中一邊似乎只想要打敗競爭對手，而另一邊則想要推動一個理念。

　　演說結束後，微軟送我一樣禮物，是新款的 Zune（那時還算流行）。微軟用 Zune 來回擊當時的 MP3 龍頭──蘋果的 iPod。微軟試圖靠推出 Zune，從勁敵手中搶下一部分市場。2006 年，時任微軟執行長的鮑爾默（Steve Ballmer）明知不容易，仍然相信微軟最後必能「打敗」蘋果。假如成敗只跟產品本身有關，鮑爾默當然有樂觀的理由。微軟送我的 Zune HD，我承認的確不同凡響：設計優雅、直覺式的操作介面，很好上手。我真的非常喜歡。（但老實說，我後來轉送給朋友了。因為 Zune 不像我的 iPod 可以在微軟的 Windows 系統上使用，它跟 iTunes 不相容。所以儘管我真的想用也沒辦法。）

　　那場演說結束後，我跟蘋果的一位高階主管一起搭計程車回飯店。他的員工編號是 54，算是元老級員工，完全內化了蘋果的文化和信念體系。路程上我忍不住問：「我之前去微軟演講，他們送我新的 Zune，我必須說，比 iPod touch 厲害多了！」這名主管看著我，微笑回答：「我相信是的。」就這樣，對話結束。

　　這位蘋果高階主管聽到微軟有更厲害的產品，仍然一派輕鬆。也許他只是展現市場龍頭的傲慢，也許他在裝腔作勢（那還真的裝得很成功），或是有其他原因。儘管我那時不知道真正原因，但他的反應正是具備無限思維的領導者的表現。

無限思維的好處

　　在無限賽局中，組織真正的價值無法以一套武斷的指標、在武斷的時間內所達到的成就來衡量。組織真正的價值，是人們是否願意貢獻一己之力幫助組織持續成功，不只是他們在組織內的期間，而是這些人離開後，組織仍能持續成功。抱持有限思維的領導者會想辦法從員工、顧客、股東身上獲得某些東西，以達到某些標準；

抱持無限思維的領導者則會激勵大家，讓員工繼續貢獻心力，顧客繼續掏出錢包，股東繼續投資。抱持無限思維的玩家希望在他們離開時，組織比他們當初加入時發展更好。樂高能做出經得起時間考驗的玩具，並不是因為運氣好，而是因為每一個員工都想把事情做好，讓公司活得比自己更長久。他們的動力來源不是當季績效，而是「持續創新遊戲體驗，每年都吸引到更多小孩。」

　　根據卡爾斯的說法，有限思維領導者的目標是終結賽局，成為贏家。他們要成為贏家，就必須有人變成輸家。他們為了自己而戰，目標是打敗其他玩家。他們擬定的計畫、策劃的每一步，都是為了要贏。這樣的人通常都認為自己必須採取某些行動，儘管他們其實不必這麼做，沒有規定限制，是他們抱持的思維限制了他們的行動。

　　卡爾斯描述的無限玩家，終極目標是為了讓賽局延續下去。在商場，這就表示要建立能一直存活的組織，不受領導者輪替的影響。卡爾斯也認為，無限玩家會為了賽局的利益著想。在商場，這表示要看重利潤以外的事物。有限思維玩家會做出他們認為可以賣給別人的產品，無限思維玩家則會創造出人們想買的產品。前者在意的是銷售產品能為公司帶來哪些利益，後者則聚焦於

產品能為顧客帶來什麼樣的好處。

　　有限思維玩家大多遵循有助於達成個人目標的標準，不太關心可能造成的其他效應。有限思維是問：「什麼對我最好？」；無限思維則會問：「什麼對我們最好」。以無限思維打造的公司不會只想到自己，而是會思考公司的決策對於員工、社區、經濟、國家和世界造成什麼影響，它的決策是為了賽局著想。

　　柯達（Kodak）創辦人伊士曼（George Eastman）致力於實現他的願景：讓人人都能輕鬆拍照。他很清楚要實現這個理想，與他的員工和社區的福祉密切相關。1912 年，柯達率先開始按績效發放股利給員工。幾年後，柯達釋出今日所謂的股票選擇權。柯達的員工享有優渥的福利，例如有薪病假（在當時是新的做法）、員工在社區大學修課有學費補助。許多公司都開始效仿這些做法。換句話說，這麼做不光是對柯達好，對商場這個賽局也有正面影響。除了提供上萬個工作機會，伊士曼還蓋了醫院、創立音樂學校、慷慨捐款給高等教育機構，例如羅徹斯特機械學院（後來的羅徹斯特理工學院）與羅徹斯特大學。

　　卡爾斯認為，有限思維玩家認為賽局有終點，他們不喜歡突發狀況，也害怕任何干擾，因為無法預測或控

制的事物會擾亂他們的計畫，提高輸掉賽局的機率。相
比之下，無限思維玩家原本就預期會有突發狀況，甚至
會從中找樂趣，也準備好因為意外而改變。他們喜愛參
與賽局的自由，只要能繼續參與其中，他們樂於接受任
何可能。與其想辦法因應已發生的事實，他們會設法開
創新的機會。無限思維可以幫助我們把眼光從過分關注
同業正在做的事，轉而看見更大的目標。例如，採取無
限思維的公司更擅於預見新科技日後可能的應用，而非
被動回應新科技對現有商業模式帶來的衝擊。

　　這就是為什麼那位蘋果高階主管對微軟設計出色
的 Zune 毫不在意。他知道在商場的無限賽局中，有時
候蘋果做出更好的產品，有時是別家公司的產品更勝一
籌。蘋果的目標不是擊敗微軟，而是勝過自己。蘋果把
眼光放在繼 iPod 之後的下一個明日之星，這種思維幫
助他們不只跳脫框架，還能毫無受限地思考。Zune 推
出後約一年，蘋果發表了首款 iPhone，重新定義了智慧
型手機，Zune 和 iPod 也同時走入歷史。有些人認為蘋
果能夠預測消費者的喜好，看見未來的趨勢，其實不
然。事實上，是無限思維讓蘋果成為開創者，以其他採
取有限思維的公司想不到的方式創新。

瑞士刀大廠如何挺過九一一危機

抱持有限思維的公司可能用創新的方法來提高獲利，但這些決策很少為組織、員工、顧客和公司以外的群體帶來好處，也未必能讓組織更健全。原因很簡單：因為這些決策通常只考慮到決策者的利益，不是為了「無限的未來」，頂多只考慮到短期的未來。反之，抱持無限思維的領導者不會要求員工追逐有限的目標，而會和員工一起想出能在未來造福所有人的無限願景。這樣一來，每一個有限的目標都變成通往無限願景過程中的里程碑。

一旦每個人都專心追求無限的願景，不只會加速創新，也會衝高獲利。由無限思維的人帶領的公司，經常也會創造前所未有的高獲利。更重要的是，無限思維式的領導帶來的啟發、創新、合作、品牌忠誠度與獲利，不只能在穩定時期幫助公司，在變動的時期亦然。在景氣好時助公司生存、成長的那些特質，也能幫助公司在困難的時期更堅強、有韌性。

有韌性的公司目標是持續經營下去，這一點與追求穩定的公司不一樣。顧名思義，「穩定」就是維持原樣。理論上，穩定的組織可能可以度過風暴，並且維持

原樣。實務面上，當我們以穩定來形容一家公司，通常是跟其他高風險、高績效的公司比較。當我們說這家公司很穩定，背後的意思是：「成長緩慢但穩定」。但追求穩定的公司並不理解無限賽局的本質，可能沒準備好因應突如其來的改變，新科技、新競爭對手、市場變動或國際事件，都可能在一瞬間打亂他們的策略。無限思維領導者想建立的公司，不僅能撐得過變化的風暴，還要能在經歷風暴之後進化，他們想建立樂於接受意外、順勢應變的公司。有韌性的公司通常會在歷經劇變之後以完全不同的面貌重新出發（而且通常會感謝這樣的轉變）。

　　瑞士維氏（Victorinox）是以生產瑞士刀聞名的瑞士企業。他們的業績在九一一恐攻事件發生後大受影響。瑞士刀原本是眾多企業愛用的促銷品，也是慶祝退休、生日、畢業的經典禮物，突然間被全面禁止帶上飛機。遇到這種情況，多數企業可能會採取守勢，關注突發事件如何衝擊公司傳統的營運模式、公司會損失多少利潤，但瑞士維氏反而主動出擊，視突發狀況為新的機會而非威脅，這就是無限思維玩家最典型的策略。瑞士維氏的領導者沒有大幅刪減成本或裁員，反而以創新的方式運用人力（他們在過程中完全沒有裁員）、投資新

產品開發，並鼓勵員工大膽思考如何把品牌帶進新市場。

瑞士維氏在時機好的時候累積了大量現金，他們知道有一天會遇到市場艱困的狀況。正如執行長艾森納（Carl Elsener）所說：「你觀察世界經濟史，就知道向來是這樣。一向如此！未來也會一直這樣下去。景氣不會一直向上，也不會一直向下，它會不斷上下波動……我們考量的不是一季的績效，」他說，「而是世代的利益。」這種無限思維讓瑞士維氏在心態上、財務上都做好準備，面對這場對其他公司可能會致命的危機，做出亮麗成果。

瑞士維氏轉型成功，比九一一事件發生前更加茁壯。過去，瑞士刀占公司 95％ 的業績（光是瑞士軍刀就占八成）。今日，瑞士軍刀只占年營收 35％，旅行裝備、手錶、香水等新產品讓瑞士維氏的年營收幾乎比九一一事件前增加一倍。瑞士維氏不是求穩定的公司，他們是具有韌性的公司。

採取無限思維的好處顯而易見，而且是多面向的好處。那麼當我們在商場的無限賽局中採用有限思維時，會發生什麼情況？

美國為什麼打不贏越戰？

越戰過後數十年，戰時擔任美國國防部長的麥克納馬拉（Robert McNamara）有一次和北越外交部在 1960 至 1975 年間的美國問題首席專家阮基石（Nguyen Co Thach）會面。麥克納馬拉才終於發現，美國一直以來都誤解了敵方。

「想必你從來沒讀過歷史，」麥克納馬拉敘述阮基石這樣斥責他，「你若讀過歷史，就會知道我們不是任憑中國或蘇俄擺佈的棋子⋯⋯你不知道我們跟中國已經交戰一千多年了嗎？」阮基石接著說，「我們是為了獨立而戰！而且會戰鬥到最後一兵一卒！我們一直以來的目標都是如此。美國再多的轟炸與施壓也阻擋不了我們！」北越正是以無限思維，在打一場無限賽局。

美國以為越戰也屬於有限賽局，因為大部分戰爭確實是有限的。多數戰爭無非是爭奪土地，或有其他容易測量的有限目標。假如交戰國都有明確的政治目的，先達成這項目的的國家就是勝利國，兩方會簽訂協定，戰爭就此結束。然而戰爭並非全都如此。如果美國的領導者們更仔細觀察，也許就能早點發現越戰的本質，蛛絲馬跡隨處可見。

　　首先，美國介入越南事務並沒有明確的開始、中場或結束。美國沒有政治上的明確目標，達成就可以宣布勝利、讓部隊回家。就算有明確目標，北越也不可能同意。美國人也似乎誤解了作戰的對象，認定越南境內的衝突是對抗中國和蘇聯的代理人戰爭，但北越人堅稱自己不是其他政府的傀儡。數十年來，越南不斷反抗帝國主義勢力，在二次世界大戰時對抗日本，之後又與法國作戰。對北越來說，與美國交戰並不是冷戰的延伸，而是對抗另一個橫加干預的外來強權。北越不遵守傳統戰爭慣例、犧牲多少人都要打下去的作戰方式，對美國的決策者來說都應該是誤判情勢的警訊。

　　以有限的思維來面對無限賽局，我們很可能讓自己陷入進退兩難，繼續迎戰的意志和所需的資源都快速流失，這就是美國在越南的處境。美國以面對有限賽局的方式作戰，卻沒想到對手是以無限思維來面對這場無限賽局。美國作戰是為了取勝，北越則是為了性命而戰。雙方都根據自己的思維擬定作戰策略，雖然美國的軍力大幅領先，但就是打不贏。美國放棄介入越南事務，並不是基於軍事或政治上的勝敗，而是迫於要求軍隊返家的民意壓力。美國人民無法繼續支持在遙遠國土上打一場似乎毫無勝算、耗費龐大的戰爭。美國並沒有「輸掉」

越戰，而是耗盡意志和資源，無法再打下去。就這樣，美國被迫退出賽局。

微軟為何從業界龍頭陷入困局？

微軟發表 Zune 時，背後並沒有想藉此產品推動的願景。他們沒有考慮未來的諸多可能性，這只是一場爭奪市占率與金錢的競爭，而微軟的表現並不好。鮑爾默預言 Zune 可以擊敗 iPod，結果證明錯的離譜。Zune 以9％的市占率問世，但受歡迎程度逐漸下降，直到 2010年只剩下1％，隔年 Zune 就停產了。相比之下，iPod的同期市占率約70％。

有人認為 Zune 的失敗是因為微軟廣告打得不夠多，但這個理論並不成立。Spanx、是拉差甜辣醬（Siraracha）和 GoPro 三個品牌完全是靠口碑提高知名度，他們的崛起不是靠打廣告，即使後來發展愈來愈好，仍然不打廣告。其他人則認為 Zune 的失敗是因為微軟太晚進入 MP3 市場，這個理論也說不太通。蘋果在 MP3 成為熱銷商品後整整五年才推出 iPod。Rio、Nomad 和 Sony 等品牌的 MP3 技術早已成熟，銷售也

很好。然而，iPod 在 2001 年推出後四年內，就在美國數位音樂播放器市場搶下領先地位，而且市占率持續上升。

微軟的 Zune 可能真的是很棒的產品，但問題不在於產品設計、行銷或推出的時機。這些都不足以確保在商場的無限賽局中生存和成長，優秀產品失敗的例子多不勝數，我們還必須考量公司的核心思維。

有限思維領導者的優先要務就是比較和取勝，他們設定的企業策略、產品策略、獎勵機制和用人決策，都是為了實現有限的目標。隨著有限思維逐漸擴散到組織各層級，整家公司都會變得目光短淺，導致所有人都只關注「緊急的事」，而犧牲了「重要的事」。主管會本能地只應付已知的因素，而不去探索或推動未知的可能性。有時候，領導者會過分關注競爭對手的一舉一動，誤以為自己需要回應競爭對手的每個行動，導致他們看不見其他對組織更好的選擇。這就像試圖用防守來取勝。受困於有限思維，微軟陷入了永無休止的打地鼠遊戲。

微軟的領導者沒有發現自己身處無限賽局以及蘋果採取了無限思維。儘管鮑爾默有時會說出「願景」或「長期」等帶有無限含意的詞，但就像其他有限思維領導

者，主題依然圍繞在有限的目標上，例如排名、股價、市占率和獲利。微軟以錯誤的思維來應對他們身處的賽局，追逐一個不可能的目標——獲勝。就像美國在越南一樣，微軟不斷消耗持續玩下去的意志和資源，最後動彈不得。

　　微軟似乎沒有從 iPod 的經驗中學到教訓。iPhone 在 2007 年問世時，鮑爾默的反應更加凸顯了他的有限思維。受訪時被問到 iPhone 時，鮑爾默不屑地說：「iPhone 不可能搶走多少市占率。蘋果毫無機會……他們可能可以賺到錢。但如果你看看市面上的十三億隻手機，我會希望其中的 60％ 或 70％ 或 80％ 是用我們的軟體，而不是只有 2％ 或 3％，那就是蘋果可以分到的比例。」鮑爾默受限於有限思維，更關注 iPhone 能達到的相對數字，而沒有看見 iPhone 如何改變市場……甚至重新定義了手機在我們生活中扮演的角色。後來的結果一定讓鮑爾默很抓狂，iPhone 上市僅五年後，光是 iPhone 的銷量就超過了微軟所有產品的總和。

　　2013 年，鮑爾默擔任微軟執行長的最後一次記者會上，也以有限思維的方式總結自己的職業生涯。他描述的成功，是根據他在執行長任內所選擇的指標：「過去五年，蘋果賺的可能比我們多。但在過去十三年，我敢

說我們賺的錢應該比地表任何公司都多，這讓我非常自豪。」鮑爾默似乎想表達，在他帶領微軟的十三年，公司「贏了」。想像一下，如果鮑爾默不是回顧資產負債表上的數字，而是根據比爾·蓋茲最初的無限願景：「幫助每個人、每個組織成就更多」分享微軟做過的一切以及未來可以繼續做的事，那場記者會多麼不同。

有限思維領導者用公司的業績來證明自己職涯的價值；無限思維領導者會用自己的職涯來提高公司的長期價值……而獲利只是這些價值的一部分。賽局並沒有因為鮑爾默退休而結束，公司要在沒有他的情況下繼續迎戰。在無限賽局中，鮑爾默在任內幫公司賺多少錢，遠不如他是否幫助公司準備好應對未來十三年、或三十三年、或三百年的生存和發展來的重要。以這個標準來看，鮑爾默輸了。

在商場的無限賽局，當領導者抱持有限思維，或埋頭專注在有限的目標上，他們的確可能在某段時間內、在某些指標上獲得第一。但這並不一定表示他們做的事情能確保公司長期生存。甚至更多時候，他們的行為會傷害公司內部運作，如果不介入干預，就會加速公司被淘汰出局。

有限思維領導者因為太專注追求短期成果，經常採

取能達到數字目標的策略。常見的方式包括：減少研發經費、削減成本（如定期裁員，選擇便宜卻品質不佳的原料，或在製造或品管方面偷工減料），透過併購和股票回購來成長。久而久之，這些決策會動搖公司的文化。員工會開始意識到，沒有什麼事情和人員是安全的。有些人為了應變，開始本能地切換到自我保護模式，他們可能隱藏資訊、掩蓋錯誤，以更謹慎、避免風險的方式工作。為了自保，他們不相信任何人。另外一些人則會更加相信「適者生存」，他們的態度可能會變得過於激進與自我中心，他們學會和上級打交道，贏得高層的青睞，某些情況甚至會捅自己同事一刀。為了自保，他們也不相信任何人。不管是基於自我保護或是想在組織裡往上爬，所有這些行為累積起來最終會導致公司整體的合作下降，也導致創新停滯不前。這就是在微軟內部發生的情況。

　　微軟困於有限思維，執著於每季的財報數字。許多早期的微軟人都感嘆公司失去了靈感、想像力和創新力。隨著內部各產品部門開始互相競爭，而不是相互支持，大家的信任與合作深受打擊。彷彿大公司內的穀倉效應還不夠嚴重，有些部門有時甚至會主動攻擊其他部門。微軟從人才都想加入、為理想奮鬥的公司，變成最

優秀人才避之唯恐不及的公司。微軟從「擁有驚人天賦的年輕領導者帶領的精實的競爭機器」，《浮華世界》（*Vanity Fair*）在報導中形容，「變成笨重遲緩、官僚主義橫行，內部文化無形中獎勵了那些為了維護既有體制而扼殺創新點子的主管。」換句話說，有限思維讓微軟的企業文化變得一團糟。

執著於有限目標，企業愈來愈短命

大型企業如果曾由無限思維領導者帶領，接手的領導者如果抱持有限思維，也會經過一段時間才會耗盡之前累積下來的意志和資源。鮑爾默在任時，微軟仍是業界龍頭，尤其是在商務軟體市場，這要歸功於偏向無限思維的比爾‧蓋茲打下的基礎。如果鮑爾默繼續領導微軟，或是由另一個有限思維領導者接任，員工繼續努力的意志和公司存活需要的資源，都終將耗盡。公司規模再大、財務表現再好，都不代表它一定能活得長久。

微軟的經歷並非特例，商業史上類似的案例很多。例如，通用汽車只管搶攻市占率而不顧獲利的策略，要靠政府紓困才免於破產命運。西爾斯百貨（Sears）、電

路城（Circuit City）、雷曼兄弟（Lehman Brothers）、東方航空（Eastern Airlines）和百視達就沒那麼幸運了。這只是少數幾個例子，說明了曾經強大的公司，因為領導者受困於有限思維，公司最終走向了毀滅。

可悲的是，在過去三十到四十年，有限思維式領導已成為現代企業的標準。華爾街擁護有限思維式領導，商學院也傳授同樣的模式。除此之外，企業的壽命似乎愈來愈短。麥肯錫的一項研究顯示，自1950年代以來，標普五百強公司的平均壽命已縮短了四十多年，從平均六十一年下降到如今的不到十八年。耶魯大學的福斯特（Richard Foster）教授表示，企業壽命減少的速度「比以往都快」。我相信造成這種趨勢的原因很多，但我們必須注意到，現今有太多領導者建立的公司無法持久存活。諷刺的是，即使是最目標導向、最擁護有限思維的領導者也必須承認，組織活得愈久，達成**所有目標**的可能性就愈大。

不只是企業領導受到有限思維的影響，隨著愈來愈多抱持有限思維的人在各領域擔任要職，改變公共政策的壓力也愈來愈大，更進一步鞏固了有限思維。不久之後，我們的經濟就會在有限思維的約束下運作，固守一套規則，卻完全不適用於我們身處其中的賽局，造成一

個無法永續的困境。數據也反映了這點，例如，1929 年
股市崩盤，導致經濟大蕭條，當時美國政府提出的《格
拉斯─史蒂格爾法》（Glass-Steagall Act）就是為了遏
制偏向有限思維的企業行為，這些行為正是導致市場不
穩定的原因。從《格拉斯─史蒂格爾法》通過到 1980
和 1990 年代之間，該法案幾度被以開放金融市場為由
提案廢除，但這段期間股市崩盤的次數是零。然而，自
該法案被廢除至今，已發生三次大型股市危機：1987 年
的黑色星期一、2000 年的網路經濟泡沫化，以及 2008
年的金融危機。

　　用有限思維來參與無限賽局，我們將不斷做出會損
害目標的決策。這就像我們因為想要「享受人生」而一
直吃甜點，反而害自己罹患糖尿病。造成股市崩盤的條
件，就是一個極端的例子，當賽局中有太多玩家選擇有
限思維時，就會發生這樣的狀況。更常見的情況是，組
織中的信任、合作和創新力下降，使得我們要在步調快
速的商業世界中生存和成長變得更加困難。如果我們相
信，信任、合作和創新對組織的長遠未來非常重要，那
我們只有一種選擇，就是學會採取無限思維。

無限思維的五項必要條件

在決定用什麼方式領導時，我們必須先思考：

1. 我們無法選擇賽局是有限的、還是無限的。

2. 我們可以選擇是否加入賽局。

3. 如果加入，我們可以選擇採取有限或無限思維。

　　如果我們加入的是有限賽局，當然會想遵循規則、增加獲勝機率。如果我們要打美式足球，那事先了解籃球的規則就沒有幫助。同理，要在無限賽局中領導，我們也必須了解自己身處的賽局，才有可能活下去並且成長繁榮。

　　採取無限思維的領導，不太像為一場美式足球賽做準備，比較像是健身。想讓身材變好，只做一件事是不夠的。我們不能期待去健身房運動九個小時身材就馬上變好，但每天都去健身房運動二十分鐘，身材絕對會變好，持之以恆比強度更重要。問題是，沒有人確切知道成果什麼時候會出現，不同的人看見效果的時間也不同，但是毫無疑問，我們都知道一定會有成果。我們可能有一些短期內想達到的身材目標值，但如果終極目標是保持健康，那我們每一天選擇的生活方式就比是否在

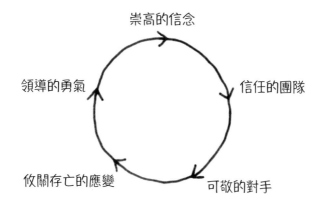

某個期限內達到目標更重要。任何形式的健康生活都有一些必須做到的事，多吃蔬菜、規律運動、充足的睡眠，學習無限思維也是如此。

　　想以無限思維領導，要具備五項條件：

◆ 推動一個崇高的信念
◆ 建立信任的團隊
◆ 研究可敬的對手
◆ 準備好攸關存亡的應變
◆ 展現領導的勇氣

　　想要健康，我們可能會只挑某些事來做，例如，有運動但都不吃蔬菜。挑部分實踐的確能得到一些好處，

但是要得到全部的好處，就要每個項目都做到。同樣的概念，只做到無限思維的部分條件也有好處，但如果你希望自己的組織能在無限賽局中活下去、而且活得好，我們就不能輕忽任何一項條件。

　　保持無限的思維很困難，非常難。我們要預期自己會偏離道路，因為我們是人，人都會犯錯。我們會受貪心、恐懼、野心、無知、外在壓力、利益衝突、自尊心等眾多因素影響。讓事情更複雜的是，有限賽局很誘人，它們可能很有趣、令人興奮，有時甚至讓人上癮。就像賭博，每一次勝利、每一次進球，我們的大腦都會釋放多巴胺，鼓勵我們重複同樣的行為模式，試圖再次獲勝，所以我們必須努力地克制有限賽局的誘惑。

　　我們不能指望自己或所有的領導者都採取無限思維，或期望任何以無限思維領導的人都要永遠保持。就像專注在固定、有限的目標比專注於無限未來的願景要容易得多，以有限的思維來領導也比較容易，尤其是在公司面臨困難或低潮的時期。確實，我在本章舉的每個例子，包括正面的例子，公司的領導者都曾在某些時刻遺忘公司成立的初衷，轉而專注於追求更有限的事物。實際上，有限思維幾乎威脅到所有這些公司的存亡，只有少數幸運的公司碰到了採取無限思維的領導者，因此

變得更強大、更能激勵員工、更吸引顧客。

　　無論我們選擇如何參賽，都必須對自己和他人誠實，這點非常重要，因為我們的選擇會影響周圍的世界。當我們周圍的同事、客戶和投資人都知道我們以什麼樣的思維參賽，他們才能跟著調整他們的期望和行為。他們如果了解我們採取的思維，就能了解對他們有哪些短期和長期的影響。我們身邊的人有權知道我們如何參賽，讓他們可以做出更明智的決定，為誰工作、向誰購買，或投資哪家公司。當別人看見我們致力於無限思維領導者必備的五項功課時，就可以信任我們會專注朝目標努力，並在過程中互相照顧。他們也會對我們有信心，知道我們會努力抵抗短期誘惑，依道德行事，打造可以在長遠未來生存、發展良好的組織。

　　對於選擇採取無限思維的每一個人，我們將踏上不一樣的旅程：每天醒來都充滿動力，工作時感到安全，回家時充滿成就感。當我們離開賽局的時候到來，我們回顧自己的人生和事業，就可以說：「我沒有白活。」更重要的是，我們會看見自己啟發了更多人在我們退場以後仍然繼續前行。

—— 02 ——

崇高的信念

> 獲勝的快樂很短暫，信念讓每一天都更有成就感，
> 我們都想為比自己更遠大的理想而努力

　　他們吃了動物園裡的動物，然後吃了自己的貓和狗，有人甚至去吃壁紙黏膠和煮熟的皮革。然後，最可怕的悲劇發生了。「有個孩子死了，他才三歲，」一位倖存者格拉寧（Daniil Granin）寫道：「他的母親把屍體放在雙層玻璃窗內，每天切一塊肉來餵她的第二個小孩。」

　　1941 年 9 月至 1944 年 1 月，列寧格勒被納粹德軍圍城封鎖長達九百天，這是當時受困市民的慘況寫照。超過一百萬市民死亡，其中四十萬是兒童，多數人死於

飢餓。然而在受困的這段期間，大家都不知道市中心某處，竟然藏著上萬顆種子和數以噸計的馬鈴薯、米糧、堅果和穀物。

時間倒轉到圍城之前約二十五年，一位名叫瓦維洛夫（Nikolai Vavilov）的年輕植物學家開始收集種子，因為成長在數百萬人因為飢荒喪生的俄國，他畢生致力於消除飢餓、防範未來可能發生的生態浩劫。這個最初的理想漸漸成為瓦維洛夫全心投入的信念。他到世界各地收集各種糧食作物，並學習為什麼某些作物比其他作物更能在惡劣環境生存。

很快他就收集到六千多種農作物種子，他也開始研究遺傳學，嘗試開發更能抵抗病蟲害、生長更快、更能承受惡劣環境，或產量更高的新品種。透過不斷努力，瓦維洛夫建立種子庫的願景也逐漸清晰。就像我們為了預防電腦當機而備份重要資料，瓦維洛夫希望為世界上所有食物的種子保存備份，防範有任何物種因為自然或人為災難而滅絕。

瓦維洛夫漸漸建立起名聲（種子收藏也持續增加），他在 1920 年離開學術界，成為列寧格勒應用植物部門的負責人。有了政府的資源，瓦維洛夫召集了一個科學家團隊和他一起進行研究、實踐他的理念。瓦維

洛夫上任後寫道：「希望這個部門能成為不可缺少的機構，對所有人都有重要價值。我想收集、整合世界各地的多樣品種，讓部門成為所有農作物和植物的金庫。」就像任何抱持無限思維的遠見者，瓦維洛夫總結：「結果是不確定的……但我還是想嘗試。」

　　然而不到兩年，情勢驟變。1922 年史達林成為蘇聯共產黨總書記，沒有人是絕對安全的，備受尊敬的瓦維洛夫也不例外。據說在史達林從 1922 年上任到 1953 年他去世的這段統治期間，導致超過二千萬蘇聯人民死亡。不幸的是，這位致力於幫助人民的科學家也成為史達林政治鬥爭的目標。

　　瓦維洛夫在 1940 年被以莫須有的間諜罪逮捕，經歷超過四百次酷刑審問，有幾次拷問甚至長達十三個小時，這些都是為了讓瓦維洛夫精神崩潰，承認自己是反史達林組織的支持者。但是瓦維洛夫沒有被擊垮，儘管被強行逼供，瓦維洛夫始終沒有崩潰，他從未承認那些不實指控。1943 年，這位年僅五十五歲的植物學家和植物遺傳學家，畢生致力於消除飢餓，卻因營養不良而死於獄中。

　　瓦維洛夫死時，正值列寧格勒圍城戰愈來愈激烈之時。位處戰區的聖以撒廣場一棟不起眼的建築裡，就藏

著瓦維洛夫團隊的所有心血，當然還有他們無價的種子收藏，這時已經累積到數十萬種。種子庫不僅有被轟炸的風險，還受到城裡老鼠數量暴增的威脅，因為飢餓的市民吃掉了所有的貓，老鼠的數量於是失控。更危險的是，納粹也覬覦瓦維洛夫的收藏，希特勒非常在意優生學和自己的健康，他知道種子庫價值非凡，希望德國能占為己用。但希特勒只知道種子庫的存在，還不知道實際位置，所以他派遣一組納粹士兵專門去搜尋種子庫的位置。

瓦維洛夫的科學家團隊不只面對敵方威脅，也面臨與列寧格勒所有居民相同的艱困環境，他們在圍城期間仍繼續工作。他們在寒冬中冒險外出，在前線附近重新祕密種植馬鈴薯，儘管成功將部分研究成果偷運出城，他們仍然必須守護所有藏在市區的研究。這群科學家對瓦維洛夫的理想非常忠誠，願意不惜一切代價保護種子庫，哪怕代價是自己的生命。圍城結束後，儘管身旁就有幾十萬顆種子、成噸的馬鈴薯、米糧、堅果穀物和其他作物，有九位科學家仍因為拒絕食用任何種子庫的食物而餓死。

在談論理想時，瓦維洛夫曾說過：「我們將走進火焰，我們將被燃燒，但我們絕不會從信念中退縮。」那

些加入瓦維洛夫、為共同理念奮鬥的人，不只是受到他說的話啟發，他們用生命在實踐其中的意義。其中一位倖存的科學家列赫諾維奇（Vadim Lekhnovich）負責偷偷種植馬鈴薯，並在槍林彈雨中守衛著它們，被問到為什麼不吃那些作物時，他說：「我們連走路都很困難，每天起床要活動手腳都很難受，但是忍住不吃那些作物一點也不困難。根本連想都不會想，因為那是你人生的信念，也是你的同志畢生的信念。」

　　這群科學家在圍城戰中繼續進行瓦維洛夫工作，為比自己更偉大的使命努力。這個崇高的信念，也就是瓦維洛夫口中「全人類的使命」，為這群人的工作和生命賦予了目標與意義，可以超越所有個人的困境與環境的艱難。養活自己或是城裡挨餓的居民，都是面對有限問題的有限解決方法。或許他們可以延長一些最後可能還是會死去的生命、甚至救到一些挨餓的人，但他們的眼光超越了眼前的困境。他們想解救的不只是受困列寧格勒城裡的人，而是未來可以拯救整個文明。他們的目標不是撐到圍城結束的那一天，而是讓人類這個物種能夠長久存續。

什麼是崇高的信念？

霍華的少棒球隊如果不是聯盟中最差的球隊，也算吊車尾。每次輸球，他的教練都會對球員說：「輸贏不重要，重要的是我們如何打這場比賽。」這時，早熟的霍華就會舉手問教練：「那我們為什麼還要記分？」

當我們加入有限賽局，比賽的目的就是要贏。即使我們想要單純打好一場比賽、享受其中，也沒有人是為了輸而參賽。但在無限賽局中，我們參賽的目標完全不同，不是為了贏，而是為了讓賽局繼續下去，為了達成一個比自己或組織更遠大的目標。想在無限賽局中領導，就必須有一個清晰明確的「崇高的信念」。

崇高的信念，是對一個尚不存在的未來懷抱具體的願景；這個未來令人嚮往到人們願意犧牲小我，來實現這個願景。 就像瓦維洛夫的科學家團隊，人們甚至會願意犧牲自己的生命，但不一定要到這種程度，犧牲可以是放棄薪水更高的工作，繼續留在推動一個崇高信念的組織；可能是晚上加班或必須經常出差。儘管我們可能不喜歡這些犧牲，但因為有一個崇高的信念，我們覺得犧牲是值得的。

「獲勝」會帶給我們短暫的快感，我們的自信會得

到強烈的瞬間提升。但沒有人能持續感受到一年前達到的目標、獲得的晉升，或贏得的比賽，那些當下的成就感。那些感覺已經過去了。想要再次獲得那種感覺，我們就需要再次獲勝。但如果有一個崇高的信念，如果我們工作是為了一個比任何特定的勝利都更偉大的理由，我們的每一天將會變得更有意義，也更有成就感。這種感覺會持續存在、月復一月、年復一年，從不間斷。

在追求有限目標的組織中，我們有時會喜歡自己的工作，但我們可能永遠不會熱愛自己的工作。如果我們是為有崇高信念的組織工作，我們可能會有某些時候喜歡自己的工作，但我們會永遠熱愛自己的工作。就像自己的小孩，我們有時候可能會喜歡他們，有時候覺得他們很煩，但我們每一天都愛著他們。

崇高的信念與我們的「為什麼」不同。「為什麼」源自於我們過去的累積，我們的起源故事，「為什麼」描述的是我們是誰，是我們價值觀和信念的總和。而崇高的信念則是關於未來，它定義了我們要前往的方向，描述一個我們希望生活的世界，一個我們願意努力打造的世界。每個人都有自己的「為什麼」（只要認真挖掘，每個人都能找到自己的「為什麼」），但我們不必擁有自己的崇高信念，我們可以選擇加入其他人的行

列、為其他人的崇高信念付出。沒錯，我們可以發起一場運動，也可以選擇加入一場運動，並把它變成自己的運動。崇高的信念和「為什麼」不同，「為什麼」只能有一個，但是我們努力推動的信念可以不只一個。我們的「為什麼」是固定、不能改變的。相較之下，由於「崇高的信念」是一個尚未建立的東西，我們還不知道成果會長什麼樣子，我們可以不斷努力型塑這個信念，在過程中不斷進步。

　　我們可以把「為什麼」想像成房子的地基，是一切的起點，在「為什麼」的基礎之上，我們想打造的事物才會有力量、才能持久。而崇高的信念就是我們希望打造的理想房子，我們可以用一生來打造這棟房子，最後可能仍無法完工，但是我們的投入讓房子一天天成形，從想像逐漸成為現實，過程中鼓勵了更多人加入，繼續為這個崇高的信念努力，永不停歇。舉例來說，我的「為什麼」是激勵人們去做啟發他們的事，一起改變世界，這是專屬於我的「為什麼」。我的崇高的信念是建立一個多數人每天醒來都充滿動力，工作時感到安全，一天結束之時充滿成就感。我一直在找人一起加入、為這個信念努力。

信念是持續努力的動力源

　　崇高的信念，讓我們的工作和生活有了意義。這個信念鼓勵我們把眼光放在有限的回報和個人的勝利之外，也為我們在努力過程中必須迎戰的所有有限賽局，提供了背景脈絡。崇高的信念是激發我們繼續努力的動力來源，無論在科學領域、國家建設，或商場上，領導者想號召人們一起追求無限目標時，必須明確地將他們想像中的理想未來形諸具體文字。

　　美國開國元勳宣布脫離英國獨立時，深知如此激進的改革背後，需要一個崇高的信念支持。他們在《獨立宣言》中寫道：「我們認為下面這些真理是不言而喻的：人人生而平等，造物者賦予他們若干不可剝奪的權利，其中包括生命權、自由權和追求幸福的權利。」他們的願景不僅是一個由邊界來定義的國家，更是一個理想的未來，一個以人人自由和平等為原則的國家。1776 年 7 月 4 日，五十六位簽署人都同意「以我們的生命、我們的財產和我們神聖的名譽，彼此宣誓。」這個信念對開國元勳如此重要，他們願意為了新國家的無限理想而放棄自己有限的生命和利益。他們的奉獻又激勵了後來的世代繼續為同樣的理念貢獻血汗和淚水。

　　當我們深信後來的世代會繼續為了同樣的理念而奮鬥，這就是一個崇高的信念。對於美國開國元勳是如此，對於瓦維洛夫亦如是。瓦維洛夫希望確保世界上所有人、乃至人類這個物種的食物來源，確保我們能長久生存下去，這個願景一直延續到今天。現在，全球有近兩千個種子庫分布在一百多個國家，持續瓦維洛夫從上一世代開始的任務。挪威的斯瓦爾巴全球種子庫（Svalbard Global Seed Vault）是全球最大的種子庫之一。位於北極的斯瓦爾巴種子庫擁有天然的溫控環境，儲存著近六千種植物、多達數十億顆的種子。種子庫的存在，是為了確保人類在最糟的情況仍有食物來源，以維持物種的生存。與聯合國合作成立的作物信託組織（Crop Trust）旨在支援全球的種子庫，執行長海加（Marie Haga）表示瓦維洛夫就是這個理念名義上的創始人：「（瓦維洛夫）的旅程經過一世紀後，新的世代仍為了延續作物多樣性繼續走遍世界，不僅保育種原（germplasm），更傳承瓦維洛夫的精神。」

　　我們現在效力的許多組織，已經有領導者希望啟發我們的某種宗旨、願景或使命宣言（或以上都有），但大多數都不符合崇高的信念，比較好的例子可能無害但也令人無感，比較糟的例子則是引導大家朝有限思維的

方向埋頭努力。有些願景即使出發點是好的，形諸於文字時卻過於有限、空泛、自我中心或模糊，在無限賽局中沒有幫助。常見的例子像是：「你不想做的事情我們幫你做，這樣你就可以專注做自己喜歡的事」。這可能是實話，只是這句話對於太多事情來說都是實話，尤其是在 B2B 領域。此外，這樣的論述也沒什麼號召力。另一種常見的願景聽起來像：「以最優價格提供最高品質產品……等等」。對於想在無限賽局中領導的人來說，這種陳述沒有多大用處，因為它沒有包容性、只以公司為中心，把重點放在關注組織內部，而不是產品或服務在未來能帶來什麼貢獻。

　　位於加州的消費電子品牌 Vizio 的官網上說，他們的存在是為了「以最新技術提供高性能的智慧產品，同時以實惠的價格為消費者節省荷包。」我相信他們有做到這些事情，但這些話有辦法激勵人們奉獻自己的血汗或淚水嗎？讀到這些文字，你會馬上想去這家公司工作嗎？我們很少有人會因為這樣的宣言起雞皮疙瘩或感到召喚，想成為公司的一份子。這樣的陳述既沒有讓我們想投入的信念，也沒有說明這一切的最終目的是什麼，這兩者在無限賽局中都是必要的條件。

　　我們再回憶一次，崇高的信念指的是對一個尚不存

在的未來的具體願景。這個崇高的信念要能夠為我們的工作提供方向、激勵我們不僅在當下，而是願意付出畢生的時間，必須符合五個標準。如果你不確定自己的宗旨、任務或願景是否是一個崇高的信念，或是有興趣以崇高的信念來領導他人，可以用下面的標準做為簡單的測試。

一個崇高的信念，必須：

1. **支持一個理念**：以正面、樂觀的角度鼓舞人心
2. **號召夥伴**：想貢獻一己之力，都可以加入
3. **服務導向**：以他人利益為重
4. **經得起時間考驗**：能承受政治、技術和文化轉變
5. **高遠的理想**：遠大、無畏、永遠無法完全實現

1. 支持一個理念

崇高的信念，是我們支持並相信的事物，不是我們對抗的事物。領導者可以很輕易地號召人們反對某些事，甚至可以激起狂熱，人們在生氣或恐懼時情緒特別激動；相反地，要號召人們支持某件事，就要讓人感到被啟發、被鼓舞。共同支持一個理念，能點燃熱情，讓我

們充滿希望和樂觀，共同對抗一件事，則會導向詆毀、醜化或拒絕。支持是邀請所有人加入共同的理念。「對抗」是讓我們關注看得到的事物、引起我們的反應，「支持」則是把我們的注意力集中還未打造的未來、激發我們的想像。

　　想像一下，如果我們不是「對抗」貧困，而是「支持」每個人養家的權利。前者創造了一個共同的敵人，這樣的設定讓信念本身好像是「可以贏得的」、有限的賽局，讓我們相信貧困可以被徹底打敗。但第二種信念給了我們值得努力的理由。兩種觀點不只是語義上不同，更會影響我們如何看待這個問題以及我們的願景，從而影響我們如何付出。前者給了我們一個待解決的問題，後者則提供了一個充滿可能性、尊嚴和賦能的願景。我們不是要「減少」貧困，而是要「增加」能養活自己和家人的人們。「支持」或「對抗」的區別微妙卻深刻，美國《獨立宣言》的諸位作者似乎也直覺地理解到這一點。

　　帶領美國走向獨立的那些人，他們的短期目標的確是對抗英國。美國殖民地開拓者非常不滿英國對待他們的方式，《獨立宣言》中有超過 60％的篇幅在闡述對英王的不滿。然而，他們心中支持的理念才是啟發人心

的關鍵，對未來的嚮往才是《獨立宣言》最重要的部分，也是我們讀到的第一個理念，它確立了整份宣言的框架與走向。能引發共鳴的理想，比較容易被記得。宣言後面列出的各種抗議，除了學者和歷史愛好者之外，很少有美國人能背出一句，例如：「他竭力抑制我們各州增加人口；為此目的，他阻撓外國人入籍法的通過，拒絕批准其地鼓勵外國人移居各州的法律，並提高分配新土地的條件。」相較之下，多數美國人都可以輕鬆背出「人人生而平等」，而且通常能不假思索地說出「生命權、自由權和追求幸福的權利」這三個原則。這些話在美國文化的集體心理留下不可磨滅的烙印，不斷被愛國者及政治家所引用，提醒著美國人民，我們要努力成為什麼樣的人，以及我們的國家是建立在何種理想之上。這些話告訴我們，我們支持什麼、為何奮鬥。

2. 號召志同道合的夥伴

　　人都希望感覺自己是群體的一份子，我們都渴望歸屬感。我們上教堂、參加遊行或集會，或穿自己支持球隊的隊服去看比賽，我們享受身為團體一員的感覺。崇

高的信念就像一份邀請，讓我們能加入一群人，一起推動比自己更偉大的願景。當崇高的信念能幫助我們想像一個更正向、更具體、更不一樣的未來時，我們內心就會升起某種激動，想要舉手加入，參與其中。

　　一個精準傳達的崇高信念可以鼓勵我們貢獻自己的想法、時間、經驗、雙手，以及任何能幫助實現新未來的東西。社會運動就是這樣產生的，少數人對未來的願景吸引了更多人加入。那些早期加入的有志之士不是為了要得到什麼，他們是為了付出，想提供幫助，想在創造新未來的過程中貢獻一己之力。一開始吸引他們的理念，逐漸變成他們自身的信念。

　　承諾要「改變世界」或「產生影響力」的組織，並沒有傳達他們具體想要實現什麼。這些都是很好的願望，但是太籠統空泛，無法幫助我們聚焦。請記得，崇高的信念是對一個尚未存在的未來的具體願景，這個想像中的未來極度吸引人，以至於人們願意為了這個願景犧牲付出。我們稱之為「願景」，就是因為它必須「看得見」。一個崇高的信念要能吸引人們加入，就必須描繪出具體的畫面，說明我們將產生什麼樣的影響、這個更美好的世界究竟會是什麼樣子。當我們能清楚地想像某個組織或領導者眼中希望達成的世界，我們才會知道

自己想追隨哪些組織或領導者。清晰明確的信念是點燃熱情的關鍵。

「我們雇用有熱情的人」，這是許多招募人員經常掛在嘴邊的標準。但是他們怎麼知道，求職者可能對面試充滿熱情，對公司的信念卻沒有熱情？現實是，每個人都對某件事充滿熱情，只是我們並不一定對同一件事充滿熱情。無限思維領導者會積極尋找對同樣的信念有熱情的員工、顧客和投資人。對找員工來說，這才是「找到認同公司文化的人，其他工作技能可以以後再教」的意思。對顧客和投資人來說，文化也決定我們是否熱愛與忠於某個組織。

例如，美國連鎖沙拉店 Sweetgreen 的使命不只是賣沙拉，也邀請有共同信念的人加入他們的事業。他們的願景是「透過連結人們與真食物，創造更健康的社群。」Sweetgreen 定義的「真食物」是指來自當地的食材、支持在地農場。這是為什麼他們在全國不同地區的分店菜單也都不一樣。雖然很多人可能只是因為喜歡吃而買他們的沙拉，但關心當地食材、希望支持當地農場的人也會被這樣的信念吸引，希望為 Sweetgreen 工作、成為忠實支持者。他們會願意犧牲，例如要專程跑去或是花多一點錢去購買 Sweetgreen 的產品。以某種形式支持這家

公司，對支持者來說也是在貫徹自己的價值觀和信念、在為了一個更美好的世界而努力，他們覺得自己也是為同樣信念努力的一份子。

3. 服務導向：對別人好，自己也受益

　　一個崇高的信念至少會涉及兩方，貢獻者和受益者，給予者和接受者。貢獻者為了推動理念而提供他們的想法、勞務或金錢，而接受者會因此受益。**一個信念要符合服務導向這項標準，主要的受益者必須是貢獻者本身以外的他人。**

　　例如，老闆給我的建議，最主要的目的應該是對我的職涯有益，而不是為了老闆的職涯。如果我是投資人，我必須努力讓自己的貢獻能幫助公司推動崇高的信念；如果我是領導者，我必須讓我的時間、精力和決策能幫助到我帶領的團隊；如果我是第一線員工，我必須讓購買產品或服務的人獲得利益。只有我們自己單方面從中受益，那就不是崇高的信念，只是為了滿足虛榮心而已。

　　Sweetgreen 沙拉店希望能從他們的努力中獲益最多

的是社群和大眾，而不是能為公司帶來什麼好處。起草
《獨立宣言》的領導者也很清楚，「我們人民」，而不
是「我們領導者」，才是一切努力和革命的主要受益
者。如果領導這場抗爭的人是為了自己，那麼今日的美
國可能變成獨裁或寡頭統治的國家。以這樣的觀點來檢
視，我們馬上就能明白，當一家公司把股東視為主要受
益者、而不是顧客時，會有什麼樣的結果。

　　其中的關鍵詞就是「主要」，服務導向並不等於在
做慈善。慈善事業絕大部分、甚至全部的利益都必須歸
於接受者，貢獻者獲得的利益只有付出時的滿足感。商
場上我們當然要考慮工作對自己有何好處、對自己的生
涯有何幫助。我們也理當期望、甚至主動要求自己的努
力和成果得到公平的報酬和認可。我們也希望投資人從
中受益，只是代價不能是犧牲公司、員工或顧客。我們
不能因為想讓股東獲益，就讓顧客買到劣質產品、讓員
工因為縮減成本而被解雇，股東畢竟只是貢獻者中的一
部分。請記得，只有在主要受益人是組織本身以外的人
時，才算是崇高的信念。

　　這就是「服務型領導」（servant leadership）的意義，
大家的付出所產生的主要利益會往下輸送。在不以服務
為導向的組織（或是不看重服務的組織），利益通常會

往上輸送：投資人的主要目標是在其他人之前獲得回報；
領導者做決策時會把自己的利益放在部屬之前；銷售員
會為了業績獎金不擇手段想成交，不管客戶真正需要的
是什麼。這些都是現在許多組織中常見的利益流向，我
們的文化中充斥著人們為了自己和位階更高者的利益而
努力，而沒有考量到他們真正應該服務的人。

　　服務導向也符合無限賽局的特性。參與無限賽局的
玩家會努力讓賽局繼續進行下去、讓其他玩家也能參
與。領導者若希望打造能在無限賽局中生存的組織，決
策時就不能只考慮如何增加自己的報酬，而應該考量如
何讓組織為賽局做好裝備。投資人也不該是投資的主要
受益者，相反地，投資人的財務貢獻最大的受益者應該
是他們所相信的組織，以及他們希望組織實踐的信念。
抱持無限思維的投資人會投資比自己更偉大的事業，如
果成功，他們也會獲得超高報酬；抱持有限思維的投
資人則像是賭徒，只為了回報而下注，兩種思維完全不
同。

　　服務導向在無限賽局中很重要，因為它會建立員
工、顧客及投資人的忠誠度，讓這些人與組織患難與
共。這種強大的忠誠會賦予組織金錢所無法提供的強健
和永續能力。最忠誠的員工覺得領導者關心自己……因

為他們的領導者真的關心他們。這樣的員工會提出最好的創意、行事坦率、當責，為了公司的利益而努力解決問題。最忠誠的客戶認為公司關心自己的願望、需求和渴望……因為公司真的關心他們。這就是為什麼忠誠的客戶願意花更多力氣或者花更多錢購買公司的產品，而不選擇其他公司，還會推薦他們的朋友也支持這家公司。最優秀的公司覺得投資人在乎公司、願意幫助公司貫徹信念，因為投資人確實在乎。這樣一來，所有人都能受益。

4. 經得起時間考驗

希望以無限思維領導的人，可以記得《獨立宣言》的範例。美國開國元勳對於平等和不可剝奪的人權做出明確承諾，經久不衰。兩百四十多年之間，即使國家領導人、局勢、人民和文化都產生變化，這個崇高的信念仍然具有意義、仍然鼓舞人心，這是一個抱持無限思維的信念。

在商場的無限賽局中，崇高的信念必須超越我們製造的產品和提供的服務。我們的產品和服務是用來推動信

念的方法，不是信念本身。如果我們完全用產品來定義我們的信念，那麼組織的存亡就完全取決於這些產品，任何新技術都可能在一夕之間淘汰我們的產品、我們的信念，甚至是公司。例如，美國的幾家鐵路公司曾是美國最大的企業，直到後來汽車技術進步與高速公路網出現，提供了比火車更快、甚至更便宜的選擇。如果鐵路公司把自己的意義定位在運送人們與物品、而不是推動鐵路發展，那些鐵路公司今天可能就是大型汽車公司或航空公司了。出版社把自己定位成圖書事業，而不是傳播思想的事業，於是錯過了利用新技術推動理念的機會，他們本來可能創立亞馬遜或發明電子閱讀器。唱片公司如果把自己定義為音樂的分享者，而不是唱片、錄音帶和光碟銷售商，那他們在數位串流興起的潮流中就不會過得那麼辛苦。如果他們以更遠大的信念來定義自己、而不只是銷售產品，當初就可能發明出 iTunes 或 Spotify 等服務，但是他們沒有……也為此付出了代價。

市場會不斷起伏，人們來來去去，技術會不斷進步，產品和服務也會不斷順應消費者口味和市場需求而改變。我們需要更持久的信念讓我們能持續團結，我們的信念要能經得起變化和危機。為了能在無限賽局中一直玩下去，我們的信念必須持久、經得起考驗、歷久彌新。

5. 高遠的理想

　　《獨立宣言》的簽署者宣示人人「生而平等」且「造物者賦予人們若干不可剝奪的權利」時，他們想像的主要是盎格魯—撒克遜的白種新教徒男性。但是在那之後，馬上就有人開始為了拓展這個理想的包容範圍而努力。例如獨立戰爭期間，華盛頓禁止軍隊中組織反天主教活動，他也定期參加天主教彌撒，樹立他期望部下效法的行為。近一百年後，內戰廢除奴隸制度，不久後，美國憲法增修條文第十四條賦予非裔美國人和前奴隸公民權和平等的權利。婦女選舉權運動讓女性自 1920 年起爭取到投票權，美國建國的崇高信念又往前邁進一步。1964 年的《民權法》和 1965 年的《投票權法》保護非裔美國人和其他族群不受歧視，又再向前推進兩步。2015 年，最高法院對奧貝格費爾訴霍奇斯案（*Obergefell v. Hodges*）的判決讓美國再度跨出新的一步，將憲法增修條文第十四條所保障的範圍擴大到同性婚姻。

　　如果美國開國元勳只設定打贏獨立戰爭這個目標，一旦獨立成功，他們就會手拿啤酒，聚在一起玩九柱保齡球（ninepins）和彈珠遊戲，互相吹噓他們打了一場

多漂亮的勝仗。但事實正好相反，他們開始草擬憲法
（獨立戰爭正式結束七年後才完全批准），寫下一套經
得起時間考驗的原則，來保護和推動他們對未來遠大、
無畏的理想願景。《獨立宣言》完成以後，美國人一直
在努力保護和推動這個願景，只要尚有意志和資源，就
會繼續努力。美國的崇高信念尚未完全實現，某種意義
上也永遠無法被完全實現，但人們絕不會放棄努力，這
才是重點。

　　的確，廢除奴隸制度、婦女選舉權運動、《民權法》
和同性戀權利，都是彰顯美國精神的重大里程碑。儘管
這些運動本身都是無限的、離真正完成還很遙遠，它們
仍是明確的指標，象徵著國家在一步步邁向《獨立宣
言》中闡述的理想。慶祝勝利很重要，但我們不能留戀，
無限賽局仍在進行中，還有許多尚待完成的工作。每一
次的勝利都是我們邁向理想未來的里程碑，讓我們一窺
理想中的未來可以是什麼樣子，激勵我們不斷前進。

　　這就是朝著一個崇高的信念邁進的旅程，無論取得
了多大的成就，我們始終還有更長的路要走。你可以把
崇高的信念想像成一座冰山，我們已經做到的那些成
績，只是冰山的一小角。在組織裡，往往是創辦人和最
早期的貢獻者能看見一個清晰的未來，而對其他人而言

仍然是未知。崇高信念的措辭愈清楚明確，就愈能吸引
到創新者和早期採用者願意冒險來推動一個還沒實現的
願景。每一次的成功，冰山的更多部分就會顯現，會有
更多人更清楚地看到那個願景。當更多人看到願景一步
步成為現實，懷疑者就會成為跟隨者，愈來愈多人受到
啟發，願意為了同樣的信念而投入自己的時間、精力、
想法和專長。但無論我們能看見多少冰山的樣貌，領導
者都有責任提醒大家，冰山還有很大一部分尚未被看
見。無論取得多少成就，我們為之奮鬥的崇高信念都仍
在前方，而不是在後面。

信念付諸文字，才能交棒未來世代

　　美國的開國元勳充滿英雄魅力，他們活著的每一刻
都在為了信念而奮鬥，企業中鼓舞人心的領導者往往也
是如此。但是當那些充滿魅力的信念守護者離開、退休
或死去時，怎麼辦？我時常很驚訝，許多充滿遠見的領
導者沒有把自己的信念形諸文字。這些領導者以為組織
裡的大家都跟自己一樣，看得見清晰的願景。事實當然
並非如此。

　　沒有用清晰的語言把崇高的信念寫下來，這個信念隨時間流逝被淡化或完全消失的風險就會大大增加。沒有崇高的信念指引，組織就會像沒有羅盤的船，終究會偏離航線。人們的注意力會漸漸從地平線以外的遠方，轉移到眼前的方向盤。少了信念的指引，有限思維就會開始悄悄滲透。領導者會開始慶祝他們跑得多快、走了多遠，卻沒意識到他們的旅程根本沒有方向或目的。

　　付諸文字的崇高信念可以一代傳一代，創辦人的直覺本能卻無法傳承。就像《獨立宣言》一樣，把信念寫成聲明，大大增加了信念被流傳下去的機會，持續啟發創始者之後的世代，以及創始者不認識的廣大人群。這就是口頭和書面契約的區別，兩者都合法、可執行，但書面契約可以防止混淆或分歧……特別是對於不在成交現場的那些人來說。

　　化為文字的信念就像羅盤，領導者之後的每個接班人手上有了羅盤，就可以繼續望向地平線之外的遠方，即使創始者已經不在，他們也能駕馭新的技術、政治和文化轉變。

—— 03 ——

如何找到信念

> 登月計畫、成為第一、追求成長，都是冒牌信念，
> 反而會讓人陷入有限思維

　　讓我們來看有信念和沒有信念的差別。

　　愈來愈多公司開始發現核心目標很重要，這是好現象，問題是有太多公司說的話只是「聽起來像」崇高的信念，他們可能用很像的語言、也符合崇高信念的某些標準，但除非五項條件全部具備，否則不能算是崇高的信念。

　　沒能提出真正的崇高信念，有幾個主要原因。有時，即使領導者很有遠見、也有信念，卻因為找不到正確的用字遣詞，而不小心採納了錯的信念（上一章的內

容可以幫忙）。有時候，領導者想要人們相信他們擁有信念，但事實上他們根本沒有願景。常見的冒牌信念包括「登月計畫」（moon shots）、想「成為第一」，或錯把「成長」當成目標。此外，很多組織也會把企業社會責任（CSR）與崇高信念混為一談。這樣的組織可能會在有限賽局中成功，但一定無法在無限賽局中生存和發展得好。

　　我們要辨識出這些冒牌信念，第一個理由是警惕自己，任何這類的冒牌信念在無限賽局中都無法幫助組織生存，反而會使組織繼續困在有限思維中。第二個理由，是幫助我們檢視自己的信念，必要的話可以回到原點、重新思考，甚至可以避免在一開始就提出錯誤的信念。抱持錯誤信念的組織並不等於壞公司，只是代表他們可能需要更多的努力。能辨識一家公司是否有崇高的信念，也能讓投資人、員工和消費者免於痛苦。如果我們發現某家公司並沒有崇高的信念，就可以及早把資源轉向其他組織。

　　真正崇高的信念，會讓聽到的人感到跟自己密切相關，對擁護者來說更是。信念愈是能引發共鳴，愈能激發我們的熱情，想貢獻自己的力量。如果崇高的信念只是被用來提升品牌形象、吸引有熱情的員工，或達到某

些短期目標，例如促銷、催選票或對公司的支持，那麼產生的影響也會是短暫的。我們到一個組織裡工作，或是與組織的員工互動，很快就能發現他們是真心相信公司的崇高信念，還是只是空話。

登月計畫不是崇高信念

他給了我們可以相信的事物、比自己還重要的目標、我們願意犧牲自己來實現的願景。「我們要登上月球，」甘迺尼總統（John F. Kennedy）堅定地表示，「我們選擇在這十年內登上月球⋯⋯不是因為這很容易，而是因為這很困難，因為這個目標將能組織和衡量我們的能力和技術，因為這是我們願意接受、不願拖延，而且志在勝利的挑戰。」甘迺尼的登月演說八年後，阿姆斯壯（Neil Armstrong）就邁出「個人的一小步，全人類的一大步」。

領導者通常會引用所謂的登月計畫來激勵團隊去實現看似不可能的困難任務，由於登月計畫具備了崇高信念大部分的條件，通常都能看見效果。甘迺迪的登月計畫正面、具體，具有包容性，也以服務為導向，

也絕對是值得犧牲奉獻的目標，但它不是無限的。無論挑戰多麼艱鉅、看起來多麼不可能，登月計畫都是可以被實現的有限目標。這就是《從 A 到 A+》（*Good to Great*）和《基業長青》（*Built to Last*）的作者柯林斯（Jim Collins）所說的「偉大、艱難和大膽的目標」（big, hairy, audacious goals，BHAG）。我們很容易把 BHAG 誤認為崇高的信念，因為它們確實非常鼓舞人心，而且往往需要努力很多年才能達到。但是登月計畫達成之後，賽局還沒結束。只是再選另一個偉大、大膽的目標，並不是在玩無限賽局，而是在追另一個有限的目標罷了。

　　奇異公司的員工大會上，有員工表示擔心公司過於專注在短期。對此當時的執行長傑克・威爾許（Jack Welch）喜歡回答：「長期只是一系列的短期。」當員工向執行長表達這種擔憂時，他們真正要問的可能是：「這一切是為了什麼？」所有工作上的努力，除了達成指標和獲得物質獎勵之外，還有什麼？威爾許的回答顯示了，對他來說並沒有更高的信念，目標就是執行、執行和再執行。對威爾許來說，不斷累積有限成果就足夠了。然而，商場是無限的賽局，這代表一系列短期永遠不會結束。

　　的確，從一個目標跳到另一個目標，短時間內會很有趣，但久而久之，每項成就帶來的興奮感會遞減。我經常遇到一些高階主管，他們好像得了「有限疲乏」症候群，他們達到了每一個為他們設定的目標，也因而獲得高額的報酬，所以他們不斷重複同樣的模式。他們到了職涯的某個階段，已經沒有為比自己更偉大的事物而努力的熱忱，取而代之的是像倉鼠在滾輪上不斷地奔跑，毫無成就感。**累積有限的勝利，並不會帶來無限。**

　　崇高的信念必須回答的問題是：這次的登月計畫可以如何幫助推動無限的願景？崇高的信念是我們所有目標的框架，我們所有有限的成就，都必須有助於推動崇高的信念。如果我們過於關注有限的目標，無論這個目標多麼鼓舞人心，我們都會做出對有限目標有利、但可能損害無限目標的決策。

　　甘迺迪的登月計畫有包含在美國開國元勳提出的無限願景框架之下，即進步不是為少數人謀福利，而是為多數人謀福利。甘迺迪登月演說前面的部分，為有限的目標提供了無限的框架：「我們踏上新的航程，為了獲取新的知識，為了贏得新的權利，獲取並運用新的權利，應該是為了全人類的進步。」他根據這個信念來設定許多的目標，包括把人送上月球，以及讓太空人安全

地返回地球。

　　儘管登月計畫能鼓舞人心，但這種激勵是有效期
的。登月計畫是在無限賽局之中，一個大膽、激發人心
的有限目標，它不等於無限賽局。

成為第一，也不是崇高信念

　　「我們要成為全球市場的領導者，我們的產品要以
吸睛的設計、卓越的品質、最好的價格而廣受客戶喜
愛。」這是很典型的企業願景。這句話來自 Garmin，
這家製作全球定位系統設備的公司服務的客戶從跑者到
機師都有。企業願景有很多類似的版本，但基本公式相
同，像「我們是最好的」、「大家都想要我們的產品，
因為我們的產品是最好的」……和「物超所值」（肯定
會加這一句）。

　　願景或使命宣言就像指南針，指引著我們的方向。
但是如何撰寫這些宣言，並沒有參考標準，因此類似上
面這樣的聲明變得很氾濫，過於空泛籠統，對於希望採
取無限思維的公司幾乎沒有幫助。「做到最好、成為第
一」這類陳述都是以自我為中心，公司是主角（也是主

要的受益者），這些陳述無法提高公司對客戶的重要性。事實上，提到客戶或提供客戶價值的文字通常都出現在聲明的最後。如果企業的使命宣言很自我中心，領導者就會把力氣用在內部，而不是花在可能購買產品的顧客身上。人們就算購買或喜歡產品，也不代表他們相信、甚至知道這家公司的信念是什麼。

　　有限思維領導者經常把擁有成功的產品，與擁有強大的公司混為一談。這有點像洛杉磯湖人隊的老闆認為有詹姆斯（LeBron James）這個重量級球員，整個球隊就會很強。擁有出色的球員、受歡迎的產品，或殺手級應用程式，並不代表我們有能力在無限賽局中活下去。**以產品為主軸的願景聲明，只有在沒有更好的產品、市場沒有變化，以及沒有新技術出現的情況下才會有用。**但如果上述任何一個情況真的發生，這樣的空殼願景聲明往往會讓公司固守舊有的商業模式，看不見原本可以把握的機會，這似乎就是 Garmin 面臨的情況。

　　2007 年，Garmin 可能是第一，他們是全球汽車GPS 裝置的龍頭。但隨著智慧手機功能愈來愈強大，我們對 GPS 裝置需求愈來愈小，Garmin 因此受到影響，現在的市值只剩不到 2007 年的三分之一。Garmin可以把問題歸咎於智慧手機的興起和普及（他們確實這

麼做），但他們沒有意識到，公司的願景聲明顯示了他們只專注於自己的產品，因此錯過了智慧手機提供的機會。如果他們把重點放在如何為客戶提供價值，也許能抓住機會，在還來的及的時候為智慧手機開發出首選的導航應用程式，以 Garmin 的品牌肯定有能力做到。相反地，他們繼續專注於銷售車用硬體配件，現在我們手機上預設的導航應用程式是 Google 地圖、位智（Waze）或 Apple 地圖，但是原本可以有其他可能。崇高信念應該指引商業模式，而不是商業模式反過來壓過信念。

當願景聲明以產品為核心，對企業文化也會產生不良影響。在產品至上的公司，特別是在科技業很常見，工程師或產品設計師以外的其他員工很常感覺像（甚至實際上就是）次等公民。如果公司裡每個人，包括會計、支援或客服等員工能覺得自己的存在不僅是為了服務工程師或產品開發團隊的需求，組織才會運作得更好。不同職務的員工都希望感覺自己是團隊寶貴的成員，共同在為比產品或自己更重大的願景而努力。

「成為第一」不是你的信念，因為即使我們真的成為第一（根據我們自訂的指標和時程），這個排名也只是暫時的。賽局並不會在我們到達某個目標之後結束，它會一直進行下去。而且因為賽局持續進行，我們會為

了保持這個得來不易的第一名，而一直採取守勢。雖然「我們是第一」可能可以激勵、凝聚團隊，但是對於公司整體來說，這是一個薄弱的基礎。無限思維領導者明白，「第一」並不是永久的狀態。相反地，他們努力做到「更好」。「更好」是一個不斷進步的過程，「更好」使我們感到自己在為一個共同的目標貢獻才能與精力。**在無限賽局中，「更好」勝於「當第一」。**

追求成長，也不是崇高信念

想像一下，有一天早上你走出家門，看到鄰居正在把行李裝到車上。你問：「你要去哪裡？」鄰居回答：「去度假。」你好奇地追問：「真好，你要去哪裡？」鄰居再次回答：「我說過了，去度假。」你說：「我知道，但是你要去**哪裡**？」鄰居火大了，他回答：「我告訴過你了，度──假──！」

你發現你問的方式不會得到你要的答案，因此嘗試了新的策略：「好吧，你打算怎麼到度假目的地？」鄰居馬上提供了他們的旅行計畫。「我要沿著 I-90 公路開，目標是每天開四百八十公里。」

如果我們問：「你公司的信念是什麼？你的公司為什麼存在？」然後得到的答案是「成長」，這就很像你問鄰居「你要去哪裡」時，他回答「度假」一樣。以成長為目標的公司領導者可以不停地談論他們的成長策略和目標，就像在解釋去度假時，打算走哪條公路和時速多少公里，這無法說明當初為什麼出發、或希望到達哪裡，這種成長的背後沒有更大的目的。

錢是推動信念的燃料，但錢本身不是信念。成長是為了有更多的燃料來推動信念。**就像我們買車的目的不是為了能買更多的汽油，公司也必須擁有賺錢以外的價值。**公司就像汽車，如果可以帶我們到我們原本去不了的地方，對所有人才更有價值。我們想要去的地方，才是崇高的信念。

值得注意的是，多數公司提出的各種目標往往過於武斷或野心過大。尤其是在新創的世界，追求數十億美元估值，並不代表這家公司體質健康、能長久發展。估值發展成一種標準，要多虧創投業者（因為他們就是靠估值來賺錢的）。強韌的文化和資助自己生存的能力（獲利能力）才是公司能在賽局中長久生存的關鍵。

此外，不斷追求超速成長，在成熟市場也會產生問題。這些市場的產品、技術或商業模式都不是新的、也

不特殊，而是已被廣為接受的普遍情況。西爾斯百貨或
奇異公司這些身在成熟市場的企業如果繼續不惜成本追
求成長，只會把公司逼到絕境。許多公司會漸趨保守，
把錢分給股東以求得青睞，或過度使用股票回購，以人
為的方式抬高股價。透過併購來達到成長目標，成為成
熟市場、持有限思維的公司繼續保持成長的唯一途徑。
這麼做可能會在短期內提振股價，但正如《哈佛商業
評論》（*Harvard Business Review*）和許多報導所說的，
「70％到90％的併購都是慘烈的失敗。」

　　**把成長當作目標，為成長而成長，就像吃東西只是為
了變胖。**這會讓高階主管只考慮能促進成長的策略，很
少或根本不考慮成長的目的。就跟人一樣，組織如果只
為了變胖而吃，最後健康也會出現問題。把成長當成企
業的信念，通常會導致不健康的文化，這樣的文化會鼓
勵短視和自私，損害信任和合作。成長是結果，不是信
念；是產出，而不是存在的理由。當我們有崇高的信念
時，我們願意犧牲自己的利益來推動它；當我們認為錢
或成長就是我們的信念，我們更有可能為了保護自己的
利益而犧牲他人或信念本身。再者，沒有東西可以永遠
成長。所有的氣球和泡沫終究會破掉……連金融的泡沫
也一樣。

企業社會責任，也不是崇高的信念

　　某家公司宣傳他們在社區做的好事，例如分享他們提供的獎學金，他們希望顧客和員工知道，公司關心人群。做公益當然很好，但如果這家公司的六萬名員工每天都要忍受過於專制與競爭的工作環境呢？

　　企業社會責任計畫不是崇高的信念，贊助健行募款、捐助慈善機構，或給員工有薪假去做志工，不能算是有信念；把產品送給買不起的人，也不是有信念。

　　在多數情況下，企業社會責任計畫只是商業口號上的慈善。儘管有企業社會責任計畫很好、也值得稱讚，但除非公司本身是慈善機構，否則這只是公司業務的一小部分。企業社會責任計畫必須成為推動信念的一部分策略，這個策略要包括公司所做的一切。公司賺錢和捐錢的方式，都必須有助於推動崇高的信念。**「推動信念」不該是兼差，而是存在的核心；服務他人不應該是裝飾品，而是試金石**。而且，如果公司過度關注有限的目標，做再多的企業社會責任也不足以抵消或平衡對公司造成的耗損。

　　懷著善意的有限思維領導者時常有「賺了錢去做好事」的想法，這與服務導向的無限觀點「做好事也會賺

錢」是不同的（順序很重要）。我可以善待他人、服務社群，同時打造一個財務雄健的組織。與其說是一套公式，更像一種生活方式。這樣的人和企業會持續為了替他們工作的員工和更廣大的社群而努力，如果回顧他們的人生，服務與付出就像是他們幾十年來一直在做的事情，而不是對過去的補償，差別完全在於領導者採取的思維。

—— 04 ——

讓信念傳下去

> 團隊最高位者要負責「向上看、往外望」，
> 除了執行力，更要守護與推動願景

　　1962 年，沃爾頓（Sam Walton）創立沃爾瑪（Walmart）的想法很簡單——「隨時隨地以最低的價格」來服務一般美國廣大勞工。沃爾頓在生命的盡頭，如此描述他的願景：「如果我們一起努力，我們可以降低大家的生活成本……我們會讓世界看見擁有更好的生活是什麼樣子。」在沃爾頓的帶領下，沃爾瑪的所有決策，從商店選址到規模，都以這個信念為圭臬。因此，大家都愛沃爾瑪，無論是在那裡工作的員工，還是在店裡購物的消費者，大家都希望沃爾瑪到自己的社區開分

店。沃爾瑪的生意愈做愈大，在經濟大蕭條時期長大的沃爾頓成為全美最富有的人之一。

然而，在某個時刻，崇高的信念開始變得模糊。2009 年杜克（Mike Duke）接任執行長時，信念已不再是公司背後的驅動力。沃爾頓最初的願景變成掛在辦公室牆上的宣傳標語和空洞的文字。沃爾瑪的重心轉移到追求利潤、成長和市場主導地位，犧牲了當初推動公司成功的根本信念。

杜克在沃爾瑪以效率聞名。當沃爾瑪宣布杜克將成為下一任執行長時，前任執行長斯科特（Harold Lee Scott Jr.）結巴地說：「我覺得⋯⋯我想董事會也覺得⋯⋯這樣一來公司可以管理得更好，」他接著解釋說：「杜克不僅是好的領導者，還是非常好的管理者⋯⋯我們不該忘了企業經營不僅要會領導，還要會管理。」如果董事會希望解決管理上的問題或提升績效，那麼杜克就是完美的接班人選⋯⋯至少就短期而言。但如果董事會擔心沃爾頓的崇高信念漸漸消失，希望公司能重回軌道，那麼杜克這樣的人選會是最糟的選擇。

杜克上任時說的話也透露出他的領導思維。「在現今的經濟，沃爾瑪處於有利地位，市占率和獲利都在成長，我們也比以往任何時候都更貼近顧客，」他在宣布

新職務的新聞稿中說道：「我們有穩健的策略，管理團隊也非常有能力。我有信心，我們將繼續為股東創造價值，為兩百多萬名員工提供更多機會，並幫助全球一億八千萬顧客省更多錢，過更好的生活。」

　　你注意到訊息的順序了嗎？杜克首先提到的是增加市占率和獲利，雖然他有談到貼近顧客，但事實上他一直到聲明結尾才提到為客戶提供價值。人性很奇妙，一個人表達的訊息順序，往往透露了他們心中的實際優先順序和策略重點。沃爾頓把大眾的利益放在優先，杜克則把華爾街的利益放在最前面。

信念傳承中斷：沃爾瑪的警示

　　在杜克的領導下，沃爾瑪的股價確實有上漲，但只維持了一陣子。把數字放在人前面，一定會有代價。這家曾經深受大眾歡迎的品牌，居然捲入多起剝削員工和顧客的醜聞。2011 年，沃爾瑪遭到有史以來規模最大的就業歧視集體訴訟，女性員工集體控訴公司系統性的差別薪資待遇和升遷瓶頸。2012 年，員工發起罷工和抗議，為了爭取尊嚴、尊重，以及合理的待遇。以前社

區爭相希望沃爾瑪來開店，現在則是團結起來抵制沃爾瑪。該公司在丹佛和紐約的擴店計畫就因大規模抗議活動而停擺。國會也對沃爾瑪賄賂外國官員的指控進行調查。當然，公司士氣也一落千丈，民眾對沃爾瑪的青睞也轉為不屑。

　　沃爾瑪的故事也常發生在其他上市公司，即使是擁有核心信念的公司也一樣。在華爾街的壓力下，我們經常會選擇把抱持有限思維的主管放在最高位，但我們真正需要的其實是有遠見的無限思維領導者。

　　前面討論過的鮑爾默就是這樣的例子，1983 年取代賈伯斯成為蘋果執行長的史考利（John Sculley）則是另一個例子。史考利並沒有繼續推動蘋果的信念，反而是專注在與 IBM 正面交鋒。他破壞了蘋果的企業文化，嚴重損害了公司的創新能力。

　　2000 年，納德利（Robert Nardelli）沒有選上奇異下一任執行長，轉而接掌家德寶（Home Depot），納德利在奇異的綽號是「小傑克」，因為他的行事作風都效法傑克・威爾許，並希望接替威爾許的執行長職位。納德利上任後不斷削減成本，幾乎摧毀了家德寶的創新文化。

　　2004 年，戴爾（Dell）電腦的營運長羅林斯（Kevin

Rollins）接替麥可・戴爾（Michael Dell）成為執行長，他專注於讓公司成長，公司在他任內經歷了史上最大規模裁員、客訴不斷攀升，甚至還因為會計上的問題被美國證券交易委員會審查。這些人都是非常資深的主管，但是有限思維使他們無法勝任被賦予的工作。事實上，蘋果的史考利和戴爾的羅林斯，對各自公司造成嚴重的損害，以至於採取無限思維的前任領導者賈伯斯和麥可・戴爾被請回去重新整頓公司。問題不在於主管接任執行長時有多少管理經驗，而是他們是否以正確的思維來完成被託付的工作。

「執行長」需要新的頭銜

　　所有一級主管的職責都體現在他們的頭銜中，財務長、行銷長、技術長、營運長等，從頭銜就可以清楚看出他們需要做什麼、需要管理什麼事情。頭銜的其中一個功能就是確保對的人在對的位子上，很少有人會讓一個討厭數字、從來沒看懂過資產負債表的人來當財務長。如果科技總是讓你困惑，你家電視還接著那台老式磁帶錄影機，你短期內應該不會出現在任何一份技術長

候選人名單上。這就讓人不得不問,那執行長到底是要做什麼?

　　在多數組織,執行長的角色和責任缺乏明確的標準,這也是為什麼有那麼多企業領導者明明應該放眼無限,卻困守在有限賽局的一個原因。在很多情況下,這是因為他們的頭銜沒有正確地解釋他們的工作。「執行」一詞並沒有告訴我們執行長要負責什麼。

　　用字遣詞很重要,它為事物賦予了方向和意義。選錯用詞,想法就會改變,事情就不一定會照期待進行。金恩博士(Martin Luther King Jr.)的講題是「我有一個夢想」,而不是「我有一項計畫」。他當然需要計畫,我們也知道他一定開過很多會來討論這些計畫,但是身為民權運動的「執行長」,金恩博士並不負責制定計畫。他負責的是那個夢想,並確保那些負責計畫的人們的努力可以推動這個夢想。

　　羅賓遜(Lori Robinson)將軍 2018 年從空軍退役時,是美軍史上級別最高的女軍官,她說,組織中最高位者的責任,是眼光要看向組織之外:「我會向上看、往外望;我需要你們向下、往內執行」。每次接受新命令時,羅賓遜將軍都是這樣定義自己的責任。如果高層決策者需要專注於「向上看、往外望」,他們的頭銜也必須能

定義這樣的責任。

在無限賽局中的領導者如果把自己的職責定位為「願景長」（Chief Vision Officer，CVO），就更能做到他該做的事。**這才是坐在戰略位置最前端者的主要工作，他們是願景的持有者、傳播者和守護者。**他們的工作是確保所有人都清楚了解崇高的信念，並且確保所有一級主管都在組織內努力推動這個信念。這並不表示無限思維領導者完全不關心組織的有限利益，相反地，身為信念的守護者，他們要負責決定在哪些情況下，短期、有限的代價對於推進無限願景是值得的。願景長的思維要超越利潤，身為最關鍵的無限玩家，他們的目光必須向上看、往外望。

誰應該坐在最高職位？

今日有太多公司都以單一的層級架構來安排職位，執行長最大，財務長或營運長通常被視為二把手。在多數企業，財務長或營運長都認為自己是下任「最高位」候選人。曾在奇異公司的威爾許底下十七年的丁金斯（Michael Dinkins）說：

我認為許多財務長被升為執行長的一個原因，
是因為財務長是少數能全盤看見整家公司的職
位。他們對公司內部的所有事瞭如指掌……他
們了解公司內部流程，以及這些流程發生的時
間範圍……他們懂人資部門如何招募……他們
知道製造部門在工廠引進新設備……他們了解
公司的品管系統……他們能看到公司的整體情
況，這些都是優勢。

如果我們正在尋找具謀略的有限思維領導者，那麼
丁金斯先生的說法是有道理的。但如果我們需要的是願
景長，這樣的說法就不正確，願景長的工作不是營運或
財務，願景長的眼光應該專注在向上看和往外望，財務
長和營運長則應該專注於向下和往內執行。前者要關注
無限願景，後者要關注業務計畫；前者可以預見非常遙
遠的抽象未來，後者則須看到近期要採取的具體步驟。

這就是為什麼運作最佳的組織經常是協同合作。願
景的守護者（願景長）和執行者（財務長或營運長）的
組合，彼此是技能互補的夥伴關係。要達到這樣的夥伴
關係，我們就必須重新看待公司的階級制度，這表示我
們必須停止把執行長視為一號人物、財務長或營運長為

二號人物，他們應該擁有共同信念的重要合作夥伴。每個位子上的人都最擅長自己的工作（這也是為什麼他們需要彼此）。事實上，鮑爾默、史考利和羅林斯這幾人在與無限思維者共事時，都發展得很好。

雖然願景長經常成為關注的焦點，得到更多掌聲（至少在公開場合），願景的守護者和執行者都必須控制自我，才能確保互信的夥伴關係。願景長知道自己無法獨自推動願景，需要像丁金斯描述的那樣的幫手在身邊。營運長或財務長知道，把能力用在協助推動無限的崇高信念，他們可以有更大的發揮，達到比自己或公司更偉大的成就。

這樣的合作模式已經存在，軍隊有分軍官（officer ranks）和士兵（enlisted ranks）等級，兩者相互合作、一起共事。士兵與軍官的升遷管道是分開的、完全不同的職涯路徑。雙方共事時不會有利益衝突，基地裡最高階的士兵領導者不會兼任最高階的軍官，反之亦然。當夥伴關係運作良好時，願景長和營運長或財務長會花更多時間互相感謝和慶祝，而不是彼此搶功勞。

對許多財務長或營運長來說，他們已經爬到職能的頂端，他們已經是組織中負責財務與營運最資深、能力最強的人。這當然很棒，沒有他們的協助，願景長將無

法推動願景。但這並不代表他們能站在最前方帶領全體往這個願景邁進。對許多人來說，一旦爬到了「最高職位」，他們更有可能持續做自己知道和擅長的事情，像是希望公司規模做到多大、想達到的利潤目標、EBITDA 指標、每股盈餘或市占率（有限的追求），而不是接受新的責任，想像未來會是什麼樣子，以及公司如何推動崇高的信念（無限的目標）。

　　就像業務員被晉升為業務經理，他們可能很擅長銷售，但現在他們的工作改變了，不用再負責銷售，而是要照顧團隊裡的業務員。如果新任的業務經理無法換位思考、調整思維、學習新的技能來應對新的責任，那麼問題就會接踵而來。任何財務長、營運長或其他高階主管，如果學會適應新的角色和新的職責，並採取無限思維，絕對可以成功擔任願景長。如果做不到，他們很可能會繼續採用過往的做法，因為那套做法讓他們成功獲得之前的工作，這樣一來他們更有可能把公司引導到非常有限的道路上。

　　無論杜克有沒有資格擔任沃爾瑪的願景長，他都沒有為這個角色做好準備——他沒有捍衛沃爾頓的願景，並努力將願景延續到下一個世紀。相比之下，繼任杜克的董明倫（Doug McMillon）可能就是沃爾瑪所需的願

景長。2013 年，董明倫接任執行長的消息公布時，他在新聞稿中表示：「能有機會帶領沃爾瑪是我的榮幸。長久以來，我們為全球客戶提供價值，隨著客戶需求的增加和改變，我們也將調整自己、繼續以服務顧客為目標。我們有優秀、資深的管理團隊，我們的策略也讓我對公司的未來充滿信心。透過履行對客戶的承諾，我們將為股東創造利益、為我們的合作夥伴創造機會，同時讓公司持續成長。」董明倫的優先順序與五年前杜克上任時的聲明完全相反，董明倫把沃爾頓的願景放在第一，他帶領沃爾瑪重回無限賽局的歷程，令人振奮。

—— 05 ——

企業責任 2.0

> 二十一世紀的企業價值需要更新，除了創造
> 利潤，更要能推動使命、保護利害關係人

今日的商場變化極快，而所有變化似乎都在造成損失，企業出局的時間愈來愈快。如果你還記得的話，1950 年代企業的平均壽命剛好超過六十年，如今則不到二十年。根據瑞士信貸（Credit Suisse）2017 年的一項研究，破壞式技術（disruptive technology）是企業壽命驟降的原因。但破壞式技術並不是新現象，信用卡、微波爐、氣泡袋、魔鬼氈、古董收音機、電視、電腦硬碟、太陽能電池、光纖、塑膠和晶片，全都在 1950 年代問世。除了魔鬼氈和氣泡袋（它們破壞的方式不同），這

是一份相當不錯的破壞式技術清單。因此,「破壞」可能不是企業短命的原因,而是有另外的根本原因。企業被淘汰的原因不只是因為科技,更多情況是因為領導者沒能隨外界變化設想企業的未來。這是短視所造成的結果,而短視正是有限思維領導者的一個特徵。事實上,這種短視之所以在過去五十年快速興起,可以追溯到某個人物的思維。

諾貝爾經濟學獎得主、被認為是現代資本主義理論大家的傅利曼(Milton Friedman),在 1970 年發表的一篇劃時代文章中奠定了股東至上的理論基礎,此理論正是現今許多偏向有限思維的商業實務核心。傅利曼寫道:「在自由企業、私有財產系統中,企業主管是企業所有者的員工,對雇主負有直接責任,也就是按雇主的意志來經營企業,一般來說是盡可能賺愈多錢愈好,同時符合社會的基本規則,包括法律和道德上的原則。」

沒錯,傅利曼堅持「企業的社會責任只有一個,那就是運用企業的資源從事能增加獲利的活動,只要不違反規則即可。」換句話說,傅利曼認為企業唯一的目的就是賺錢,而這些錢是屬於股東的。這樣的觀點已成為代表性的時代精神。如今我們普遍認為利益的食物鏈頂端一定是公司的「所有者」,而企業存在的目的就是為

了創造財富，因此我們常認為商場的賽局一直是這樣，
這也是賽局唯一能進行下去的方式。只不過，事實並非
如此，在過去不是，在現在也不是。

傅利曼對商業的看法似乎只有單一面相。但是任何
曾經領導企業、為企業工作或消費過的人都知道，商業
是動態且複雜的。這表示在過去的四十多年，我們可能
以對企業不利的定義來經營公司，甚至破壞了企業宣稱
要擁護的資本主義制度。

傅利曼之前的資本主義

要找尋比傅利曼對企業責任的定義更無限思維的選
項，我們可以回頭請教亞當・史密斯（Adam Smith），
這位十八世紀的蘇格蘭哲學家和經濟學家被認為是經
濟學和現代資本主義之父。史密斯在《國富論》（*The
Wealth of Nations*）中寫道：「消費是一切生產的唯一目
的，生產者的利益應該受到照顧，但前提是要先能促進
消費者的利益，」他解釋道：「這原則完全不言自明，
根本不須另外證明。」簡言之，消費者的利益應該永遠
擺在公司的利益之上（諷刺的是，史密斯認為這點是如

此「不言自明」，他覺得根本沒必要證明，可是我現在卻要寫一本書來解釋）。

然而，史密斯並不是不知道我們的「有限偏向」，他發現「在重商主義下，消費者的利益幾乎總是被生產者的利益犧牲。重商主義似乎不把消費看做一切商業的終極目的，而視生產為商業的終極目的。」簡言之，史密斯接受人天生會為了促進自身的利益而行動，他把我們的自利傾向稱為「看不見的手」。他繼續往下分析，因為看不見的手是普遍的真理（由於我們的自私動機，所有人都想建立強大的公司），因此最終會使消費者受益。

史密斯解釋：「我們的晚餐不是出自屠夫、釀酒師或麵包師的恩惠，而是來自他們對自身利益的考量。」屠夫為了自己受益而提供上好的肉，他不會管釀酒師或麵包師；釀酒師希望釀出最好的啤酒，他不會管市面上有哪些種類的肉或麵包；麵包師想做出最美味的麵包，他不會管我們要在三明治上放哪些東西。史密斯相信，結果就是消費者會得到所有「最好的東西」……前提是系統是平衡的。然而史密斯沒有考慮到後來出現的外部投資人和分析師團體，他們為了自己的利益而使系統完全失衡。他沒有料想到，一群唯利是圖的局外人會給麵

包師龐大的壓力，要求他們削減成本，使用更便宜的原料，讓投資人的獲利最大化。

如果你對歷史或史密斯這種十八世紀蘇格蘭哲學家無感，那麼我們可以看看在股東至上的觀念成為主流後，資本主義發生了什麼變化——就發生在二十世紀的最後幾十年間。在股東至上理論出現之前，美國的商業運作看起來與現在完全不同。「到了二十世紀中葉，」康乃爾大學公司法教授斯托特（Lynn Stout）在紀錄片《解釋》（*Explained*）中談到：「美國上市公司已證明自己是世界上數一數二最有效率、最強大和最有益的組織。」那個時代的美國公司讓一般美國大眾都能分享投資機會並享受豐厚的回報，而不只是少數富人。最重要的是，「主管和董事把自己視為大型公共機構的管理者或受託者，不僅為股東服務，更要服務債券持有人、供應商、員工和社區。」

直到 1970 年傅利曼的文章出現後，主管和董事才開始認為自己要對企業的「所有者」，也就是股東負責，而不是被託付更偉大的事物。到了 1980 和 1990 年代，這樣的想法愈來愈流行，上市公司和銀行的內部獎勵機制開始愈來愈集中於少數者的短期收益。正是在這個時期，為達到財務預測而進行的年度大規模裁員，開始變

成常見的手法，這種做法在 1980 年代之前根本就不存在，人們為同一家公司工作一輩子是很常見的事，公司會照顧他們，他們也照顧公司。在當時，信任、驕傲和忠誠都是互相的，資深老員工在退休時還會得到傳說中的紀念金錶，我想現在大概也沒有送金錶這回事了。現在，我們早在拿到金錶之前就自行離職或是被資遣了。

被扭曲的資本主義

今日盛行的有限思維式資本主義，與當初啟發美國開國元勳（傑佛遜就有全套《國富論》）且成為美國發展基石的無限思維式資本主義，兩者幾乎完全不同。今天的資本主義與史密斯在二百年前想像的資本主義只有名字相同，本質上已完全不同。今天的資本主義也與十九世紀末、二十世紀初的企業，例如福特、柯達和西爾斯百貨等公司所實踐的資本主義完全不同，雖然這些公司後來也掉入有限思維的陷阱，迷失了方向。現在許多企業領導者更像是在濫用資本主義，或者說是「資本主義濫用」。就像酒精濫用，「濫用」的定義是不當使用某種東西、用於其本意以外的用途。如果資本主義本來

的目的是造福消費者，企業領導人應該管理比自身利益更重大的事物，那麼今天的資本主義已經變調。

我認為企業的目的不只是賺錢，更應該追求崇高的信念，有人可能會說這樣的觀點太天真和反資本主義。首先，我們應該留意說出這些評論的人是誰，我的假設是，最堅決捍衛傅利曼的商業論點，以及受傅利曼啟發而衍伸的許多商業行為，那些捍衛者都是最大受益者。但是商業從來都不只是為了賺錢，正如亨利·福特所說：「只會賺錢的企業，是糟糕的企業。」

企業的存在是為了推動技術、生活品質或其他事物，這些事物可能以某種方式、型態或形式來舒緩或提升我們的生活。人們願意花錢購買企業提供的任何產品，證明了他們從這些東西感受到或是獲得了某些價值。也就是說，一家公司提供的價值愈多，就有更多資金和資源可以進一步成長。資本主義的意義不僅僅是繁榮成長（以功用、好處、金錢的角度來衡量），資本主義也與進步有關（以生活品質、科技進步，以及人類和平共處的能力來衡量）。

因為 1970 年代後期以來不斷的濫用，資本主義已經支離破碎。這是一種非正統的資本主義，只為了促進少數人的利益，這些人為了謀取個人利益而濫用制度，

根本不是真正在實踐資本主義（全球各地的反資本主義和保護主義運動就證明了這一點）。事實上，股東至上哲學和傅利曼對企業目的的定義，都是投資人自己提倡、以此激勵主管優先考慮並保護他們的有限利益。

　　例如，公司開始把高階主管薪酬與短期股價表現掛勾，而不是公司長期的健全，這種做法就跟傅利曼觀點有很大的關聯，而那些接受傅利曼觀點的人也因此得到豐厚的回報。根據經濟政策研究所（Economic Policy Institute）的報告，1978 年，執行長的平均薪資約為工作者平均薪資的三十倍。到了 2016 年，執行長的平均薪資成長超過 800％，達到工作者平均薪資的 271 倍。在執行長的平均收入成長近 950％的情況下，美國工作者的收入卻只成長了 11％。同一份報告也指出，執行長的平均薪資成長速度比股市快了 70％！

　　這不需要 MBA 學位也能明白。正如斯托特博士在她的書《股東價值迷思》（The Shareholder Value Myth）一書中所解釋：「如果執行長薪水的 80％是根據明年的股價來決定，他們一定會盡最大努力確保股價上漲，即使後果可能對員工、顧客、社會、環境，甚至公司本身造成長期危害。」當我們把薪資待遇直接與股價掛勾，就等於在鼓勵關閉工廠、壓低工資、實施極端成本

削減以及年度裁員，這些策略可能可以在短期內提振股價，但往往會損害組織在無限賽局中生存和發展的能力。股票回購是另一種常被上市公司主管濫用來支撐股價的合法做法。根據供需法則，公司回購自己的股票，暫時增加了市場對股票的需求，暫時拉抬了股價（暫時讓主管看起來很風光）。

儘管許多用來在短期內推高股價的做法在道德上聽起來很可議，但如果回顧傅利曼對企業責任的定義，我們會發現他為這種行為打開了大門，甚至鼓勵這樣的行為。傅利曼對公司必須遵守的責任，唯一的規範只有在法律和「道德習俗」的範圍內行事。身為一個觀察者，「道德習俗」這個彆扭的說詞讓我感到很奇怪。為什麼不說「道德」就好？道德習俗是否代表如果我們很常做某件事，這件事就會正常化，不再有道德問題？如果有那麼多公司定期大規模裁員，犧牲員工來滿足財務預測，這種策略是否就不再是不道德的？如果大家都在做，就沒問題？

事實上，法律和「道德習俗」通常是針對濫用行為而產生的，而不會預測濫用行為。換句話說，法律和「道德習俗」總是跟不上濫用行為的腳步。根據傅利曼定義的最常見的解釋，甚至可以說企業必須利用這些道德灰

色地帶來將利潤最大化，直到未來的法律和道德習俗開始禁止這麼做為止。根據傅利曼的論點，企業有責任鑽漏洞！

Facebook、推特（Twitter）和 Google 等科技公司，總是在違反道德習俗之後再尋求原諒，而不是從根本上善加保護他們最為重要的一項資產，也就是我們這些使用者的隱私資料。根據傅利曼的標準，他們本來就應該這麼做。

如果我們根據錯誤的定義來經營公司，那麼我們提拔的人才和組織的領導團隊可能會符合傅利曼提倡的有限規則，這樣的領導團隊就更不可能符合道德標準，而更可能會濫用體制獲取個人利益。因為從一開始就建立在錯誤的目標上，這樣的團隊做的決定更可能對他們本應帶領和保護的組織、人員和社群造成長期的損害。正如 1757 年法王路易十五說的：「我死後，哪管它洪水滔天。（*Après moi le dèluge*）」換句話說，我離開後才發生的災難是你們的問題，不是我的問題。今天似乎有太多有限思維領導者都有這種想法。

來自華爾街的壓力

　　股東至上理論和來自華爾街的壓力，實際上對企業不利，這是多數上市公司主管都知道的公開祕密。但儘管他們心知肚明、私下也有抱怨和疑慮，卻仍然繼續捍衛這個原則，屈服於壓力之下。

　　我不想在這裡長篇辯論主管屈服於這些壓力，對國家和全球經濟會有什麼長期影響。我們只要回想 2008 年發生的人為造成的經濟危機，許多人在工作中感受到的壓力與不安，以及發現領導者關心自己更甚於關心我們的那種痛苦。最大的諷刺就在這裡，捍衛有限思維式資本主義的人，實際上危害了能帶給自己利益的公司。就好像他們決定，想得到最多的櫻桃，最好的策略就是把櫻桃樹砍掉。

　　這很大程度上要歸咎於對銀行管制的鬆綁。管控銀行是為了避免 1929 年經濟大蕭條時銀行動用影響力和投機行為等現象再次發生，然而鬆綁之後，投資銀行又再度掌握龐大的權力和影響力。結果顯而易見：華爾街迫使企業去做不應該做的事情，並阻止企業去做應該做的事情。

　　創業家也難逃同樣的壓力。新創往往面臨要維持高

速成長的巨大壓力，為了達到目標，或是當公司成長趨緩時，創業家會求助於創投或私募股權基金。這在理論上聽起來不錯，只不過私募基金的商業模式本身就存在缺陷，對於想留在賽局中的公司會造成嚴重破壞。私募基金和創投公司要賺錢，就必須賣掉公司，通常是在最初投資後的三到五年。私募基金或創投公司可以用所有花俏、聽起來無限、以信念為重的語言，而創業家可能也會信以為真。

直到他們不得不把公司賣掉，突然間，大家對崇高的信念和公司裡所有利害關係人不再那麼關心。投資人對公司施壓，要求公司達成有限的目標，卻對公司的長期前景造成負面影響。有一群自以為有使命的主管會說，他們的投資人不一樣，他們真的關心公司的信念……直到要出售的時候。（跟我談過的人都請我不要提到他們公司的名字，擔心這樣會讓他們的投資人不悅。）

業績不可能一直成長，高速成長也未必是公司持久發展的好策略。有限思維領導者把快速成長視為目標，無限思維領導者則把成長視為可調節變量。有時，為了確保長期的安全或是讓組織有能力承受高速成長帶來的額外壓力，策略性放慢速度很關鍵。例如，快速成長的

零售業可能會選擇放慢拓店的時程，把更多資源投入員工和分店經理的培訓和發展。公司成功的關鍵不是開多少家新店，把分店經營好才是。最符合公司利益的應該是預先設想到位，而不是等高速成長引起問題後才來解決。優秀的領導是把眼光放得比發展計畫更遠，以及在尚未準備就緒或不合適的情況下，懂得謹慎行事，即使這代表我們需要暫時放慢腳步。

企業不只為股東存在

從 1950 到 1970 年代，「預測」的概念開始在許多組織中普及。組織會請未來學家組成的團隊來研究科技、政治和文化趨勢，預測對未來的影響，並提前做準備。（這可能就可以幫助 Garmin 主動因應手機科技的進步，而非被迫回應手機應用軟體的競爭對手。）美國聯邦政府也採取類似做法，1972 年國會成立技術評量局（Office of Technology Assessment），專門研究草擬中法案的長期影響。

「他們開始意識到，法律條文一旦制定，就要用上二十到五十年，」世界未來學會（World Future

Society）主席康尼希（Edward Cornish）說道：「他們
希望確保現在做的事，不會在幾年後產生不利影響。」
然而，這門學問在 1980 年代逐漸失寵，政府中有人認
為試圖「預測未來」是在浪費錢，技術評量局於 1995
年正式關閉。儘管今天的商業界仍有未來學家，但他們
的工作通常是幫公司預測行銷方面的市場趨勢，而非評
估當前選擇對未來的影響。

　　著眼於有限範圍的領導者常常不願犧牲短期利益，
即使這麼做對未來是好的，因為短期利益在市場上可見
度最高。這種思維也帶給公司其他人壓力，大家也不得
不著重短期成果，於是就損害了我們購買的服務或產品
品質，這種情況與亞當・史密斯說的完全相反。如果投
資人採納史密斯的思維，他們會盡一切努力幫助自己投
資的公司做出最好的產品，提供最好的服務，並建立最
強大的公司，這對消費者和國家整體經濟都有好處。如
果股東確實是公司的所有者，他們的確會這樣做。但實
際上，股東不像所有者，他們的行為更像房客。

　　想想看，我們開自己的車與租來的車有什麼不同，
你馬上就會明白，為什麼股東好像更關心要到達目的
地，而很少考慮載他們去那裡的車。隨時打開 CNBC
財經台，我們看到的內容都是股票交易策略和近期市場

走勢。這些節目都是關於交易，而不是關於擁有企業。他們是建議大家如何買房和翻修舊屋，而不是如何找到自己要住的家、落地生根。如果看重短期的投資人把他們投資的公司當做租車，不像對待自己的車，那麼公司的領導者又為什麼要把投資人當做公司的所有者呢？事實是，上市公司不同於私人公司，不需要遵循相同的傳統所有權定義。**如果我們的目標是建立能在未來持續經營的公司，那麼我們必須停止自動將股東視為所有者，主管也必須意識到自己並不是只為股東工作。**股東應該把自己視為企業的貢獻者，而不是所有者，無論股東是關注短期還是長期成果，這種觀點都比較健康。

員工貢獻的是時間和精力，投資人貢獻的是資本（錢）。兩種形式的貢獻對公司的成長都不可或缺，因此雙方都應該獲得公平的回報。從邏輯上來說，一家公司要長大、變強，或持續進步，高階主管必須確保投資人的資金與員工努力工作所帶來的利益，能像亞當·史密斯提出的那樣，利益到購買服務或產品的消費者。如此一來，公司就更容易賣出更多東西、收取更高費用、建立更忠實的客戶群，並為公司及投資人賺更多錢。我有漏掉什麼嗎？除此之外，公司領導者還要記得，自己管理的偉大組織的存在目的，是為了服務所有利害關係

人。**公司成功，應該要滿足所有參與者的欲望、需求和渴望，而不只是少數人而已。**

事實是，我們都希望自己的工作和生活是有意義的，這是人性的一部分。我們都希望參與比自己更偉大的事物。我認為這是為什麼很多公司表面上會說自己為員工和客戶服務，實際上卻只為管理階層和股東服務。對許多人來說，即使我們不知道如何形容，現代資本主義並不符合我們的價值觀。如果大家真的都接受傅利曼對商業的定義，那我們都會接受企業的使命就是利潤最大化，但事實並非如此。如果企業真正的目的只是為了賺錢，就不會有這麼多公司假裝自己有其他的使命。表面上說有信念，跟真正為了某個信念而建立企業，是兩件完全不同的事。而在無限賽局中，只有其中一種策略是有價值的。

再不改變，終究會面臨反撲

2018 年，全球最大資產管理集團貝萊德（BlackRock）的創辦人、董事長兼執行長芬克（Larry Fink）寫給所有執行長一封標題為〈使命感〉（A Sense of Purpose）

的公開信，在金融圈引發討論。芬克在信中敦促領導人在經營公司時，要有更理想的目標，而不只是短期的財務報酬。「沒有使命感，」他說：「不論是公營或私營企業，都無法充份發揮潛力。最終，企業將失去利益關係者的信任，屈服於利益分配的短期壓力，因此犧牲對員工培訓、創新和實現長期成長所需的投資。」貝萊德正巧是全球最大的資金管理公司，管理資產超過六兆美元。雖然呼籲公司擁有使命感並不是新鮮事，但是當芬克這樣的財金界大老公開支持這個理念時，就等於把文章裡、書上說的、茶水間的討論，正式帶進了皇宮高牆之內。

股票市場最理想的狀態，是能讓一般大眾分享國家的財富。然而，美國人對於今日的資本主義，以及股市被當成有限賽局的工具，已經不具信心。美國人投資股市的比例處於二十年來的最低點，退出股市的主要是中產階級。人們並不介意少數企業賺走很多錢，投資人的退出其實是反映了股市失衡和對股市缺乏信任，這一點領導者應該要注意。

諷刺的是，所有在公開市場工作或為公開市場提供服務的人都知道，當市場失衡太過嚴重時，總會出現修正，而修正通常發生得突然、劇烈。我們現在的資本主

義體制已經非常失衡，身在其中的我們最好開始進行必要的修正，否則終究會被迫被修正。皇室如果拒絕從內部改革，人們起義、將皇室連根摧毀的機率就會增加。抗議政府無能、腐敗或失衡的經濟體制，這些都是民粹主義興起的常見原因。如果當初英國政府放寬對殖民地的經濟限制，讓殖民地在政府中有更多的代表權，並分享更多由殖民地生產而得的財富，或許就不會有美國獨立戰爭。失衡終究會導致動盪。

破壞制度是件大事，革命充滿風險，是突然、暴力的，而且幾乎總是有後續的反革命（革命不單是指武裝叛亂，而是各種顛覆現狀的行動）。美國殖民地開拓者是經過多年的呼籲仍不見改變後，才選擇起義。他們曾經不斷懇求改變。意識形態只是革命的部分原因，他們被迫走上革命，是因為權力和財富的嚴重失衡，他們的生活和經濟福祉受到嚴重威脅。是到後來，想像一個不同的未來這樣的願景才慢慢成形。

無論是古羅馬的執政者拒絕給予盟軍公民權，或是美國殖民地開拓者推動了英國經濟卻沒有代表權，所有的財富與權力都是靠大眾的努力而來的。在今日，公司及領導者所獲得的財富，付出最多也承擔最大風險的就是員工。每當公司表現不如預期，員工就要擔心失去工

作，無法養活自己或家人。員工上班時，沒有感覺到公司及主管真誠的關心（提供免費餐點和豪華辦公室並不會讓人感到被關心）。所有人都希望得到公平的待遇，並且能分到他們幫公司帶來的財富，這是他們為了公司成長所承擔的一切成本的補償。不是我要求的，是大家的要求！

數據顯示，當前的制度讓最富裕的 1% 人獲得的利益跟其他人能得到的完全不成比例。為了抗議這種不平衡，2011 年 9 月有一群抗議者在紐約市的祖克提公園（Zuccotti Park）紮營。他們的標語只寫了：「我們是剩下的 99％。」因為缺少領導人跟明確的焦點，占領世界各地公園的活動逐漸消散，但運動仍在繼續。體制被少數人操弄而犧牲了大眾，大家對這件事的關注並沒有消失，反而變得更急迫。占領運動開始五年後，偏左派的桑德斯（Bernie Sanders）和偏右派的川普（Donald Trump）在總統選舉層級的討論中也出現了民粹主義的訊息，兩位候選人都拿體制的不平等和不公來大作文章。

就像任何挑戰現狀的行動，號召大家拋棄傅利曼商業思維的行動可能始於一般工作者或領導者、可能來自外部或從內部發起。如果觀察我們周圍的警訊，民粹主

義正在美國及世界各地的興起，而所有當權者，無論是
在商界或是政壇，都有能力帶來改變。改變一定會來，
因為這就是無限賽局的運作方式。現在的有限體制最終
一定會耗盡所有的意志和資源，向來如此。儘管有些人
可能暫時累積了許多金錢或權力，但體制終會被自己壓
垮。如果我們仔細觀察歷史與每一次的股市崩盤，失衡
一定會帶來大問題。

　　變革的風潮已經開始，有愈來愈多聲音開始質疑傅
利曼資本主義的原則，也開始有人挑戰傅利曼對企業責
任的定義，像自覺資本主義（Conscious Capitalism）、B
型企業、B 團隊等組織，開始積極推廣利害關係人模式
或三重底線（triple bottom line）等挑戰傅利曼思想的觀
念。1980 和 1990 年代非常成功的商業英雄，像是傑克‧
威爾許，也漸漸失去光彩和吸引力。很明顯的，我們需
要重新定義企業責任，一個更符合商場這個無限賽局的
新定義，能認知到金錢是結果而不是目的，要使員工和
領導者都感到工作的價值不只是為自己、為公司或為股
東賺錢。

企業責任的新定義

傅利曼提出企業只有一個責任，就是創造利潤，這是非常有限的觀點。我們需要利潤以外、同時考慮到商業運作的變化和其他面向的新定義。為了讓我們的國家、經濟以及所有參與其中的企業增加在無限賽局中的價值，企業責任的定義必須要能：

1. **推動使命**：給人們一種歸屬感，可以感覺到自己的生活和工作具有勞動以外更大的價值。
2. **保護大家**：用可以保護員工、顧客，以及我們生活和工作環境的方式經營公司。
3. **創造利潤**：金錢是企業活下去的動力，企業要獲利才能繼續推動上述兩項要務。

簡單總結：

企業的責任是運用意志和資源來推動比企業本身更遠大的理念，保護與企業相關的人群和土地，進而創造更多資源，使企業能長久存續。只要對後果負責，企業可以依自己想要的方式經營。

　　推動使命、保護大家和創造利潤這三大支柱，在無限賽局中是不可或缺的條件。美國開國元勳讓國家團結起來爭取生命權、自由權和追求幸福的權利。追求不可剝奪的人身安全、爭取養家活口的機會，啟發了整個國家、讓美國踏上了無限的旅程。

　　近一百五十年後的 1922 年 12 月 30 日，《蘇聯成立宣言》正式簽訂，宣言中聲明蘇聯將建立在三項承諾或權利的基礎上：「現在的情勢之下，蘇維埃各共和國必須統一結盟，既要確保外部安全和內部經濟繁榮，也要確保民族的國家發展自由。」換句話說，這個國家致力於保護人民、提供經濟機會，並推動共產主義。

　　在越戰期間，類似的三連式條件再次出現，當時武元甲將軍動員北越加入人民戰爭（People's War），也承諾鞏固人身安全、經濟發展和推動意識形態的機會。武元甲在戰後多年受訪時說，人民戰爭「同時具有軍事、經濟和政治上的意義。」

　　國家必須保護人民，確保人民不用活在恐懼之中。為此國家必須部屬武力，抵抗外來威脅，對內要建立法治確保社會安寧。同理，企業也必須保護員工，讓員工有心理安全感，感覺到老闆真的關心自己。我們想知道公司對我們的成長和對公司本身的成長一樣關心，員工

不應該擔心公司沒達到財務預測，就大幅裁員。至於如何為公司外部的人員提供安全與保護，公司也必須留意產品的製造及原料會如何影響社群。

以國家而言，我們的歸屬感和我們願意犧牲的意識形態，通常以「某某主義」的形式出現，例如資本主義、社會主義等等。在企業中，這就是崇高的信念。在我們選擇定居的國家，以及我們選擇工作謀生的組織，我們都應該感覺自己在推動比自己更偉大的事物。

對國家來說，獲利很重要，經濟繁榮才能讓國家維持主權獨立。國家必須有強大的經濟實力，才能在順境中茁壯，在逆境中存活。對企業來說也是如此，不管是在國家或是企業中，每個人都希望有機會努力工作，賺取收入，養家糊口。

一個建立在無限思維上的國家，國家的目標就是人民的目標。國家的存在是為了服務人民，進步的同時也會照顧到所有百姓，這就是我們對國家有情感的原因，也是為什麼我們會有愛國情懷。轉換成商業用語，這代表公司的目標也要與員工的目標一致，而不單是股東的目標。如果我們希望自己的工作能利益到自己、同事、客戶、社區以及全世界，我們就應該可以在價值觀和目標一致的公司工作。公司如果不願這樣做，我們可以要

求。任何為推動公司目標而付出血汗和淚水的人，都有權感到自己的貢獻受到重視，並分享自己勞動的成果。

傅利曼認為我們的努力成果應該歸於精英統治階級（所有者），無限思維領導者則會確保，只要目標一致，所有貢獻者都會因三大支柱而受益。我們都有資格在工作中感到心理安全感，努力應該得到合理的報酬，並為比自己更偉大的事情奉獻付出，這些都是不可剝奪的權利。商業就像任何無限的目標，如果能做到民治、民享，就會產生最強大的力量。顛覆不會消失，唯一可以改變的，就是領導者如何應對。傅利曼對責任的有限定義只注重資源最大化，企業責任 2.0 版則納入了人民的意志。

06

意志與資源

參賽必備二種籌碼，不只顧好財務與客戶
資源，更要培養士氣與忠誠的意志力量

　　拉斯維加斯的四季飯店很棒，並不是因為高級床
墊，任何飯店都可以買高級床墊。四季飯店之所以很
棒，是因為那裡的員工很棒。如果你走在大廳，有員工
跟你打招呼，你會明顯感覺到他們是真心想問好，而不
是有人規定他們要問好。人類是很敏感的社交動物，我
們天生可以分辨其中差異。

　　四季飯店的大廳有一個咖啡吧。有一次我去拉斯維
加斯出差，下午去買了一杯咖啡。那天的咖啡師是位叫
諾亞的年輕人，諾亞很有趣，充滿魅力。因為諾亞的緣

故，那杯咖啡讓我感覺比平常買咖啡時更愉快。我們站著聊了一會兒後，我終於問他：「你喜歡你的工作嗎？」諾亞不假思索地回答：「我愛我的工作！」

對做我這一行的人來說，這個回答非同小可。他不是說：「我喜歡我的工作，」而是「我愛我的工作。」兩者完全不同。「喜歡」是理性的，我們喜歡一起共事的人、我們喜歡挑戰、我們喜歡這份工作。但是「愛」是情感的，愛很難量化。這就像你問一個人：「你愛你的另一半嗎？」然後他們回答：「我很喜歡我的另一半。」兩種答案差別很大，你懂我的意思，愛的門檻更高。所以當諾亞回答：「我愛我的工作」時，我眼睛就亮了。從這個回答中，我知道諾亞感覺到自己與四季飯店有一種情感上的連結，比他賺的錢跟實際工作內容都更重要。

我立刻追問：「請告訴我，四季飯店實際上做了哪些事，讓你愛上這份工作。」諾亞再次回答：「從早到晚，主管們都會從我身邊走過，問我好不好，有沒有什麼需要，有什麼可以幫忙的。不只是我的直屬主管……所有主管都是這樣。我也在〔另一家飯店〕工作，」他說。他接著解釋，在另一份工作，主管會走過來，看有沒有人在摸魚或做錯事。在另一家飯店，諾亞感嘆：「我

只想埋頭工作，熬過那一天，拿到薪水。只有在四季飯店，我可以做自己。」

諾亞在四季飯店的表現是他的最佳狀態，這也是所有主管希望員工拿出來的表現。因此很多領導者，甚至是出發點最良善的領導者經常會問：「怎樣才能讓我的員工拿出最佳表現？」這是一個有瑕疵的問題，這個問題不是問我們如何幫助員工成長，而是如何從員工身上榨出更多成果。員工不是可以一直被擰乾的濕毛巾，我們無法用壓榨得到更好的表現。這個問題的答案可能會在短期內提升工作表現，但長期下來往往會犧牲員工和企業文化，這種方法永遠不會得到諾亞對四季飯店的那種熱情與投入。更好的問法應該是：**「如何創造一個環境，讓我的員工能自然發揮出最佳表現？」**

工作表現落後時，我們的第一個反應通常是責怪員工。但是以諾亞的案例而言，他在兩份工作中都是同一個人，唯一的差別是領導環境不同。如果我是在另一家飯店遇見諾亞，那家飯店看重工作表現甚於員工感受到的支持，那麼我碰到他的經歷會完全不同。我很可能根本不會寫下他的故事，也不會讚賞那一家飯店的領導。要改變工作表現，關鍵不在員工，而是帶領員工的領導者。

　　四季飯店的主管明白，他們的工作是為諾亞創造一個能自然發揮最佳表現的環境。當我們訓練領導者優先考慮員工而不是成果時，他們才會努力創造出這種環境，而這也是領導的真義。花時間在大廳裡走動，關心員工的工作情況⋯⋯並且真正關心他們的回答，主管做這件事不會產生額外的成本。四季的領導者優先考慮員工的意志，再考慮員工可以產出的資源，因此在那裡工作的員工都想全心投入工作，而光顧四季飯店的客人也能感受到。

先有意志，再談資源

　　任何賽局都需要兩種籌碼才能玩下去——意志和資源。資源是有形的，很容易測量。我們談論資源時通常是指金錢，根據組織喜好或現行標準，資源可以用很多種方式來計算，像是收入、利潤、EBITDA 指標、每股盈餘、現金流、創投、私募股權、股價等等。資源通常來自外部，例如客戶或投資人等等，**資源是讓組織持續健全的所有財務指標總和。**

　　相反地，意志是無形的，也比較難測量。我們談論

意志時，指的是人們工作時的感受。意志包含士氣、動機、啟發、投入、渴望參與、自發性的努力等等，意志通常來自內部，例如領導的品質，以及崇高的信念是否夠清晰、夠有力量。**意志是讓組織持續健全的所有人為因素總和。**

　　所有領導者，無論是以有限或無限思維來經營，都知道資源是必要的。而有限和無限思維領導者也都同意意志也是必要的，我沒有遇過認為員工不重要的執行長。問題是，意志和資源永遠存在優先順序的問題，當兩邊有所衝突時，領導者就必須選擇願意先犧牲哪一邊。問題是，他們會如何選擇？領導者都有各自的偏向。

　　多數人都曾在會議中聽過領導者解釋他們的優先順序，通常會像這樣：（1）成長、（2）我們的客戶、（3）我們的員工。儘管領導者認為他們確實關心員工，也把員工放在優先事項中，但是順序很重要。這種順序表示至少有兩件事比員工更重要，資源就是其一。領導者的優先順序會透露出他們的偏向，而他們的偏向會影響他們做出的選擇。

　　有限思維領導者偏向得分，所以他們喜歡短時間內就能顯示成果的選擇，即使這樣做會犧牲員工，對他們

來說也只是「令人遺憾」。例如，這類領導者碰到困難時期會先裁員和大幅削減成本，而不是找其他可能短期效果比較不顯著、但長期更有益的選擇。如果領導者傾向確保資源，那麼下週裁撤 10％的員工，就比需要更長時間才能在資產負債表上看出成效的選擇容易得多。

　　相反地，無限思維領導者會努力超越當前的財務壓力，盡可能把員工放在獲利之前。在困難時期，他們不會把員工看成可被削減的成本，而會想別的方法省錢，即使可能會花更長的時間才看得見成效。

　　要節省資源，無限思維領導者可能會選擇放無薪假，而不是裁員。例如請每位員工放兩到三週的無薪假，儘管大家都會少拿一些薪水，但所有人都能保住工作。有難同當時，團隊會凝聚在一起，就像人們在天災後會更團結一樣。當少數人被要求承受不成比例的負擔，就會撕裂團隊。無限思維領導者會想的比困難時期更長遠，為了維護員工的意志，他可以等待一季，一年，或更長的時間讓公司累積資本。他們明白員工的意志是驅動員工付出、解決問題能力、想像力和團隊合作的動力，這些都是企業未來生存和發展的必要條件。把員工的強烈意志擺在資源前面，這點非常關鍵。北越人民的意志才是武元甲將軍把資源豐富的美軍趕出越南的戰略

重點。

不過，偏向資源的人如果聽到我說，要把人擺在利潤之前，一定會很驚嚇。他們聽到的是，我認為錢不重要。不對。他們聽到的是，我指控他們不關心員工。也不對。這不是二選一，偏向其實也不需要太極端。知名餐飲大亨、Shake Shack 創始人梅爾（Danny Meyer）就認為，自己的企業是 49％的技術和 51％的情感（透露了這位餐飲大老對意志與資源的看法）。哪怕只是稍微把意志放在資源前面，也能創造出更強大的企業文化，在這樣的文化中，意志和資源都會充裕，企業更有本錢玩無限賽局。

蘋果、好市多發現投資員工可以賺更多錢

曾任 Burberry 前執行長和蘋果電腦前零售業務資深副總裁的阿倫茲（Angela Ahrendts）說，太多的領導者「把員工看成是成本」，尤其是在零售業，人員流動率非常高，大家普遍的邏輯都是：「為什麼要投資那些不會留下來的人？」這是對企業運作非常單一和有限的看法。許多有限思維領導者因為想省錢所以不投資員

工，卻忽略了這麼做會產生的額外成本，因為雇用新的員工來填補職缺是花錢的。失去資深員工，以及等待新員工受訓、慢慢適應新文化，這些都會影響生產力，加上高流動率的工作環境通常士氣低落，令人不禁好奇省下來的錢是否真的划得來。阿倫茲也很好奇，於是她統計了數據，結果連她自己都感到驚訝。蘋果公司照顧員工實際會增成本是：零。

蘋果提供所有全職零售員工與全職公司員工相同的福利，包括全額醫療和牙醫保險，如果他們想在工作之外的時間進修，還有多達二千五百美元的教育費用。蘋果是最早為新員工提供每小時十五美元最低工資的公司之一，全職零售員工也與其他員工一樣可以購買公司股票。上述這些增加的成本，都因為公司徵才和培訓成本降低而抵消。

多數過度裁員的公司日後要重新填補職缺時又必須增加花費（但當主管報告某次裁員省下多少錢時，通常沒包括這些日後出現的費用）。許多大型零售商要養很多招聘人員不斷填補離職空缺；蘋果僅需要非常少的招聘人員來處理零售分店的人資業務。當然有些人會認為，與大多數零售業相比，蘋果每名員工可以為公司賺的錢更多，所以蘋果有能力支付更高的工資。但是，好

市多（Costco）給收銀員的平均時薪是 15.09 美元，還有 401(k) 退休福利計畫和健康保險，他們發現流動率降低、生產效率提高，所以並不會有額外的成本。此外，當員工感覺到被照顧，客戶往往會享受到更好的服務，這又能讓平均銷售額增加。

如果實際增加的成本是零，那我們對待員工的方式就完全是思維上的問題。因為這種思維，蘋果和好市多的平均留任率高達 90％，其他零售業者的平均留任率只有 20％ 至 30％。有限思維組織把員工看成需要被管理的成本，而無限思維組織則把員工當人，人的價值無法像機器一樣被計算。投資員工不只是提供高薪和良好工作環境，也代表必須真正關心員工，理解員工與所有人一樣，都有抱負、恐懼、想法和意見，都會希望感覺到自己很重要。

對於許多有限思維領導者來說，這可能是一種風險，要懷著多花額外的錢可以讓公司成功的「希望」，對他們來說，低工資和少福利要容易計算得多。但是，照顧員工可能真的值得一試，當公司讓員工覺得自己很重要時，員工團結起來能做到的是再多錢也買不到的。

收納商店如何撐過金融危機

銀行和他的企業家朋友都警告他不要這樣做。他們說，如果公司真的執行這個計畫，員工會非常憤怒，「他們會離職，」朋友說。但是這位執行長在做決定之前，已經與公司內部各種員工談過，徵求他們的意見。大家都同意，公司應該實施凍結調薪計畫，並停止提撥401(k) 退休福利金。

2008 年的經濟衰退期間，許多人會選擇不買非必需品，例如家庭和辦公室的收納商品。美國唯一專營家庭和辦公室收納整理商品的零售商「收納商店」（The Container Store）也受到衝擊。收納商店的銷售額下滑了 13%，對於不習慣利潤下滑的公司來說，這是大問題。自 1978 年創立以來，收納商店的複利年度增長率是 20%。高階團隊與員工討論後得出結論，必須減少開支到至少與銷售額下滑的幅度相當。雪上加霜的是，沒人知道經濟衰退會持續多久，或是銷售額會繼續下滑多久。

收納商店一直以「員工至上」這個價值為榮，碰到經濟衰退，他們不想裁員，但他們必須做點什麼。凍漲薪資和停止提撥退休金，而且不知道會維持多久，領導

階層不知道員工會有什麼反應。他們希望員工能理解並且認同，與其讓少數人承擔更多痛苦，大家共體時艱會比較好。

　　實際情況讓他們又驚又喜，完全超乎預期。他們沒有請求或要求員工這麼做，但員工不只接受薪資凍結，還主動找到更多幫助公司省錢的方法。儘管沒有人要求，員工出差時自動降低飯店的等級，例如選擇漢普頓酒店（Hampton Inn）而不住希爾頓飯店；有些人借住朋友和家人的住處，完全不花錢住飯店；還有一些人根本不報帳，選擇自己支付出差期間的伙食和交通費。只要是任何能省錢的方法，員工都想辦法去做。員工還主動詢問供應商是否也能幫忙找替公司省錢的方法。令人驚訝的是，供應商都很熱心幫忙，這幾乎前所未聞！供應商當然沒有義務為了處境困難的客戶而降價，但因為收納商店與供應商建立了緊密的合作關係，所以他們樂意提供幫助。

　　收納商店共同創辦人暨前執行長廷德爾（Kip Tindell）說：「如果是公司上對下的要求，成效不會有我們的一半好。」他說的沒錯。公司可以要求員工住宿飯店降等，要員工要求供應商找到更省錢的方法，並宣布公司將不再給付差旅費用。做這些事情確實可以省

錢……但也有可能引發革命。比上述這些更輕微的要求
都會激起員工對公司及領導者無聲的怒火。在收納商
店，為公司付出是員工自發的行動，所以結果完全不
同。公司的氛圍充滿鬥志，士氣高漲，員工迫不及待想
找方法幫助公司，最重要的是，每個人都覺得上下一條
心。

　　有限思維領導者時常認為，意志是來自外在動機，
像是薪資待遇、獎金、福利或內部競爭，如果這些就可
以激勵員工就好了。錢可以買到很多東西，我們可以用
錢激勵員工，可以付錢讓他們努力工作，但是金錢買不
到真正的意志。**員工為了外在獎勵而全力以赴，以及因
為內在動機而全力以赴，兩者的區別就像是傭兵與狂熱份
子。**只有在我們不斷付出極高報酬時，傭兵才會努力，
他們對公司或團隊沒有什麼忠誠度。他們沒有真正的歸
屬感，也不會感覺在為比自己更偉大的事物做出貢獻，
傭兵不會為了愛與奉獻而犧牲。相反地，狂熱份子喜愛
身為組織的一份子，他們可能因為工作而致富，但他們
工作的目的並不是為了致富，而是為了一個崇高的信
念。

　　在收納商店，廷德爾說：「我們的員工把信念放在
自己之前。」信念雖然很重要，但激發人們意志並不只

靠崇高的信念。廷德爾在經濟衰退期間看到的是長期投資的回報，他認為大家在 2008 年經濟危機時的表現是「自發的愛與奉獻」。他可能覺得員工是自發的，但事實並非如此。堅強的意志不是一夕建立，也不是憑空而來。多年來，收納商店提供了很棒的工作環境，給第一線員工的待遇優於多數零售業，並訓練領導者把員工的個人成長放在公司財務成長之前。所以多年來，他們的員工照顧他們的顧客、公司和供應商，而當公司陷入困境時，員工和供應商都想為公司做對的事情。我們怎樣待人，別人就怎樣對待我們。

　　選擇重視意志的公司，在無限賽局中會表現得更好，這跟我們能控制什麼有關。我們可以控制如何用錢、管錢，對如何賺錢的控制卻少得多。政治、景氣周期、市場波動、其他玩家的行動、客戶喜好、技術進步、天氣和所有其他不可抗力因素，可能會嚴重破壞我們累積資源的能力。領導者對這些事情只能發揮有限的控制，但領導人對意志的來源幾乎可以完全控制，因為意志是來自於公司的文化。

　　意志與資源不同的是，資源是有限的，但我們可以產生無窮的意志。因此，選擇重視意志的組織，最終會比優先考慮資源的組織更有韌性。當面臨困難時（總是會

發生），重視意志的公司員工更有可能團結保護彼此、公司、資源及他們的領導者。不是因為他們被要求，而是因為他們選擇這樣做。當員工擁有堅強的意志，就會發生這種結果。「我們建立了一個大家庭，對彼此、客戶、供應商和社群的愛與忠誠。我們想建立所有相關者都能成長的企業。」廷德爾說。

07

信任的團隊

> 一起工作的人不等於夥伴，信任就是敢表現
> 脆弱，敢大聲承認犯錯，敢舉手尋求幫助

　　「這是要幹嘛？」喬治問。「這跟油田一點關係都沒有。」這也是在場其他人的問題，他們將成為殼牌 URSA 鑽油台的工程團隊，這是殼牌石油公司（Shell）有史以來最大的深海鑽油平台，他們沒有時間來參加這個「研討會」。

　　殼牌 URSA 鑽油台高四十八層樓，比世界上任何鑽油台的鑽井深度更深，可至海面下三千多英尺。1997年，它的建造成本就高達 14.5 億美元（按今天的美元計算約為 53.5 億美元）。工程浩大的規模和成本也帶

來各種新的挑戰和危險，殼牌希望事情一切順利，所以他們精心挑選福克斯（Rick Fox）來領導團隊。

　　福克斯是硬漢中的硬漢，堅毅又自信。他不能忍受軟弱，他覺得自己有權利這樣要求團隊，因為鑽探是世界上最危險的工作之一。一個步驟錯了、一次看錯方向，瞬間就可能讓某個人被沉重的機械砍成兩半。他知道，因為他親眼見過這種情況發生。安全是福克斯最關心的問題，以及確保 URSA 能以最高負載順利運作，開採出最多的石油。

　　離殼牌總部所在的紐爾良很遠的北加州，住著一位名叫努爾（Claire Nuer）的女士。努爾是猶太大屠殺的倖存者，經營領導顧問公司，她聽說了殼牌 URSA 鑽油台計畫，很想分享自己的理念，於是她打電話給福克斯自薦。努爾詢問福克斯他面臨的挑戰時，他大部分的時間都在講技術面的挑戰，聽完福克斯解釋深海鑽油台的所有複雜情況之後，努爾提出了一個相當不尋常的建議。如果福克斯真的希望他的團隊在面對新挑戰時，能安全地把工作做好，那團隊所有人都需要學習表達自己的感受。

　　這聽起來很古怪、太前衛，好像完全不適合任何嚴肅、績效導向的組織。如果是其他時候，認為表達感受

就等於示弱的福克斯很可能會掛斷電話。但努爾很幸運，也許是因為福克斯正在苦惱與兒子的關係緊繃，福克斯接受了她的建議。他甚至接受邀請，和兒子一起飛到加州參加工作坊。父子倆有一個安全的空間可以敞開心扉，談論彼此的感受。工作坊對父子關係有長久且正面的影響，所以福克斯也希望其他人能體驗看看。他聘請這位加州嬉皮，大老遠飛到路易斯安那州，和他那群手上長滿硬繭的油井工人一起測試她的理論。他知道團隊成員一定會質疑並嘲笑這個嘗試，但福克斯關心他的團隊，他知道任何丟臉或嘲弄都是短暫的，團隊能獲得的利益才是長久的。於是，實驗開始了。

培養信任，可以把最危險的工作變安全

一天又一天，URSA 鑽油台的工作人員圍坐在一起，談論他們的童年和人際關係，一說就是好幾個小時，大家分享自己快樂和悲傷的回憶。有一次，有一個人分享自己兒子得了絕症，哭了起來。

大家不只要談自己，也要傾聽他人。另一位工作人員回憶，他被要求問大家：「如果你們可以改變我一件

事，會是什麼？」大家告訴他：「〔你〕都不聽別人說話，自己一直講。」他只好回答：「請再多跟我說一點。」

　　福克斯團隊的成員比以往更深入了解彼此。不僅是同事，而是人跟人之間的交心。他們卸下心防，展現真實的自己，而不是自己假裝成的樣子。漸漸地大家都發現，他們塑造出來的硬漢形象，就只是一種形象，在他們堅毅的外表之下，其實跟所有的人一樣有懷疑、恐懼和不安，他們只是一直在隱藏。一年過去，福克斯在努爾的指導下，為殼牌 URSA 鑽油台打造了一個充滿心理安全感的團隊。

　　一群一起工作的人和一群互相信任的人，是有差別的。一群一起工作的人，他們的關係大多是交易性質的，建立在彼此想把事情完成的基礎上。我們可能喜歡一起共事的人，甚至喜歡我們的工作，但這還不能構成一個「信任的團隊」。信任是一種感覺。就像領導者不可能要求我們開心或受到啟發，領導者也不能命令我們信任他們或信任彼此。要建立信任，我們必須先能放心表達自我，我們必須覺得脆弱可以被接受。沒錯，就是脆弱。光是聽到這個詞，有些人就會開始坐立難安。

　　在信任的團隊，我們可以放心展現脆弱，我們可以放心舉手承認犯錯，坦承自己的不足，為自己的行為負責並

尋求幫助。尋求幫助就是展現脆弱的一種方式。在信任的團隊，我們有信心這麼做，因為我們知道主管或同事會支持自己。「信任是一次又一次地互相展現脆弱，長時間累積而成的，」休士頓大學研究教授布朗（Brené Brown）在她的書《召喚勇氣》（*Dare to Lead*）中提到，「信任與脆弱是一起成長的，摧毀其中一個，另一個也會瓦解。」

當團隊沒有互信，當我們不敢在工作時表達任何形式的脆弱，我們經常會覺得必須說謊、隱藏和假裝。我們隱藏錯誤，表現得好像我們知道自己在做什麼（即使我們不知道），我們永遠不會承認自己需要幫助，因為害怕被羞辱、報復或出現在下一輪裁員名單上。

團隊如果沒有信任，組織中所有的裂縫都會被隱藏或忽略，這種情況持續一段時間，影響只會愈來愈大，直到組織開始分崩離析。信任的團隊對於任何組織的順利運作都是絕對必要的。在石油鑽井台上，信任的團隊甚至可以挽救性命。

《哈佛商業評論》關於 URSA 鑽油台文章的共同作者伊利（Robin Ely）教授說：「某種意義上，安全就是能承認錯誤並願意學習，能開口說：『我需要幫助，我自己抬不動這個東西，我不知道怎麼看這個儀器。』」

URSA 的工作人員發現，**彼此的心理安全感愈強，資訊就愈暢通**。許多福克斯的團隊成員第一次覺得可以放心提出疑慮，而成果也非常顯著。殼牌 URSA 鑽油台的安全紀錄是業界頂尖，隨著努爾的信任練習推廣到殼牌全公司，公司的事故總數更下降了 84％。

　　每當我建議團隊學習對彼此展現脆弱、表現關心時，經常會遇到阻礙，一名州警局局長曾對我說：「我明白你的意思，但是我不能回到局裡告訴我的警員我『關心』他們。警界文化很陽剛，我真的做不到，行不通的。」

　　但如果像福克斯這樣粗曠的領導者在石油鑽井平台上都能做到，任何行業的領導者也能做到。人人都有信任的能力，跟我們做哪一行沒有關係。有時候，我們只需要把這個概念翻譯成適合自己職場文化的語言，我問局長：「你能不能回去告訴你的團隊：『我就是罩你們這些傢伙，我希望你們來上班時覺得，我會罩你們，我想建立一種文化，讓大家都覺得有人會罩他們』？」局長笑了，這樣他做的到。

　　在一般企業，又有不同的阻力。公司主管告訴我，職場應該保持專業，不該談個人的事，他們的工作是提高績效，而不是讓員工感覺良好。但事實是，人人都會

有情緒。如果你在工作時曾感受到沮喪、雀躍、憤怒、得到靈感、困惑、同甘共苦的情誼、羨慕、自信或不安，那恭喜你，你是正常人。我們不可能像按開關按鈕一樣，上班時就把自己的感受關掉。

能安心表達感受，與不懂控制情緒、欠缺職場素養，不能混為一談。當然，我們不能因為對團隊中某人不滿就發怒或放手不管。我們仍然是成年人，行事依然需要尊重、禮儀和待人著想。但這不等於我們可以或應該關閉自己的情緒。否認情感和績效之間的關聯，是有限思維的領導。相反地，像福克斯這樣的領導者明白，信任的團隊的核心就是情感，事實也證明一個充滿信任的團隊，是最健康、績效最好的團隊。

以石油鑽井平台來說，業界的正常運作時間（平台發動和操作的時間）的歷史平均值為 95％，殼牌 URSA 鑽油台的正常運作時間高達 99％。他們的產量也比同業基準高出 43％，甚至比自己的產量目標高出一千四百萬桶。如果這樣還不夠厲害，URSA 鑽油台還遠遠超過了他們的環保目標。換句話說，要建立高績效團隊，建立信任比追求表現更重要。

海豹部隊選人，信任是首要標準

美國海豹部隊因為《海豹神兵：英勇行動》（*Acts of Valor*）和《怒海劫》（*Captain Phillips*）等電影，以及擊斃蓋達組織領導人賓拉登的行動而出名。確實，海軍特種作戰部隊是全球表現最出色的組織之一。但你可能會很驚訝，海豹部隊的成員不一定是最出色的人。為了判定哪種人適合加入海豹部隊，其中一項評估就叫「表現 vs. 信任」。

表現是關於技術能力。一個人的工作能力有多強？恆毅力高不高？他能否在壓力下保持冷靜？信任則是關於人格特質，是否謙遜、是否有責任感。沒有作戰勤務時，他們有沒有支援隊友。他們對團隊來說是不是正面影響。有一位海豹部隊成員這麼形容：「我可能會把命交給你，但是我會把錢或老婆託付給你嗎？」換句話說，我相信你的能力，不等於我認為你值得信任。你也許可以在戰場上保護我的安全，但是我對你的信任不足以讓我在你面前展現脆弱。這就是人身安全和心理安全的差別。

從表現與信任度的關係圖可以看出，沒有人希望團隊中有圖中左下角的人，即信任度低的低績效者。顯

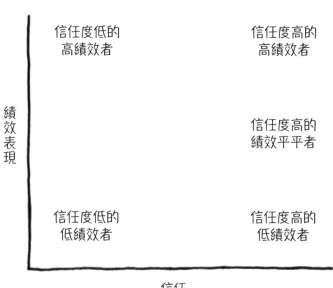

然，大家都希望團隊中都是右上角的人，信任度高的高
績效者。海豹部隊發現，左上角的人（信任度低的高績
效者）對團隊有害，這類人有自戀傾向，遇到問題習慣
先責備他人，把自己擺在第一位，「說別人的壞話」，
而且可能對隊友、特別是新成員或較資淺的成員產生負
面影響。海豹部隊寧可選擇信任度高的績效平平者，有
時甚至是信任度高的低績效者（這是相對的標準），也
不要信任度低的高績效者。如果連海豹部隊這種世界上
表現數一數二的團隊，都優先考慮信任，而不是表現，
那我們為什麼還認為績效對企業是最重要的呢？

　　要達到季度或年度目標的壓力主宰了我們現今的文化，導致太多領導者重視高績效員工，卻很少考慮團隊裡的其他人是否可以信任這些人，而這套價值觀又反映在領導者雇用、晉升和解聘的對象。在奇異公司快速發展的 1980 和 1990 年代，當時的執行長威爾許就讓我們看到極端績效導向的例子。威爾許非常在意獲勝、成為第一（他有一本著作就叫《致勝》〔Winning〕），幾乎只專注於績效表現，不管信任。

　　威爾許和海豹部隊一樣，也從兩個面向評估他的主管。但與海豹部隊不同的是，威爾許評估的兩軸是「表現」和「潛力」，基本上就是「表現」和「未來的表現」。根據這些指標，某一年「贏」得最佳成績的人就會被升遷，表現不佳者則會被炒魷魚。在追求高績效文化的過程中，威爾許把員工的績效表現視為最重要的標準。（儘管威爾許也有針對文化的評量標準，但只要問當時在奇異上班的人就知道，基本上都沒有在用。）

　　威爾許培養的這種工作環境，往往會讓高績效者獲得好處和讚賞，即使是信任度低的人也是。問題是，這種人往往更在意自己的表現和職涯，不會管團隊的整體成長。儘管他們可能在短期內做得有聲有色，但他們追求成果的方式通常會導致有害的工作環境，使其他人成

長受阻。在迷信績效的文化中，領導者為了提升績效而鼓勵內部競爭，使情況又更加嚴重。

像威爾許這樣的有限思維領導者可能認為同儕競爭是好的。然而效果只是暫時的，內部競爭最後可能導致員工之間出現破壞信任的行為，例如私藏訊息不分享、搶人功勞而不是歸功給別人、操弄年輕同事，甚至為了逃避責任而出賣同事。某些情況下，大家甚至會故意踩著同事往上爬。可以預見，很快地整個組織都會受到嚴重影響……也許會嚴重到被迫出局。威爾許建立的奇異公司幾乎注定會遇到失敗。如果不是在 2008 年股市崩盤後獲得三千億美元的政府紓困，奇異可能真的已經不存在。時間永遠會暴露真相。

即使是重視信任、立意良善的領導者也常不小心掉入陷阱，雇用和提拔高績效員工，卻沒考慮到這些員工是否可以被信任、是否信任他人，這並不令人意外，因為績效很容易依據產出來量化比較。企業有各種衡量績效的指標，卻幾乎沒有能有效衡量信任的指標。有趣的是，在任何團隊，要辨識出低信任度的高績效者，其實非常容易。只要隨便找團隊中的一個人，問他誰是混蛋，大家可能都會指向同一個人。

反過來說，如果我們問團隊成員，團隊中他們最信

任誰？遇到困難時，誰會陪伴他們？他們很可能也都指向同一個人。這種人可能是也可能不是績效最好的，但他們是很好的隊友，也可能是很好的領導者，能幫助團隊表現更好。這些團隊成員往往情商很高，對團隊負責，他們成長的同時也會幫助周圍的人一起成長。由於我們往往只衡量一個人的績效表現，沒有衡量信任度，所以在決定提拔誰時，我們很可能會忽略值得信賴的員工的價值。

信任度低的高績效者聽到別人給他回饋時，很少同意，甚至不想聽。他們認為自己是值得信賴的，是別人都不值得信賴。他們會找藉口，而不會為自己的表現負責。這樣的人可能會覺得其他成員不喜歡跟自己往來（他們可能會說服自己別人是忌妒），卻不會意識到人際關係之所以緊張，唯一的共同點就是他們自己。這些人即使知道其他成員對自己的看法，很多人還會變本加厲，只管自己的績效，而不是試圖修補失去的信任。畢竟，由於企業失衡的指標，他們過去都是靠著高績效往上爬、保住飯碗，現在何必改變策略？

優秀領導者不會自動提拔高信任度的低績效者，也不會立刻拋棄低信任度的高績效者。如果某人的表現差強人意或是行為對團隊產生負面影響，領導人需要問的

首要問題是：「他們可以被指導嗎？」領導者的目標是幫助員工培養能力——技術能力、人際能力或領導力——如此員工才能發揮最大潛力，成為團隊的寶貴資產。這代表我們必須幫助低信任度的員工學習人際能力，幫助他們變得更值得信任、更信任他人；幫助低績效員工提升技術能力，改善績效表現。只有當員工真的無法改變，依然無視於回饋、對自己的行為不負責任時，我們才應該認真考慮讓他們離開團隊。如果領導者仍決定留下這樣的員工，那領導者就要對後果負全責。

對不信任的人，大家會自然地排斥或保持距離，覺得「不是同一掛的」，領導者應該更容易知道，哪些人需要指導，誰需要被撤換，才能提升團隊績效。還是事情另有蹊蹺？是這個人信任度低，還是團隊裡的其他人信任度低？

建立起信任的安全圈，才能深得人心

他身上有好幾項指控，調查人員也正在調查其中某些指控，包括他是不是在健身房睡覺沒去值勤巡邏、他是否非法安裝有色車窗、是否試圖濫用身分規避另一個

轄區的罰單，甚至有指控說他在值勤時與前妻在巡邏車內發生性關係。科伊爾（Jake Coyle）員警覺得調查人員一直對他窮追猛打，就像拿放大鏡一直盯著他看。他不信任長官，不信任同事，他們也不信任科伊爾。

　　其他警察經常找科伊爾麻煩，他跟大家都不同掛，大家也擺明要他知道自己被排擠。他們取笑他，對他惡作劇，例如在他的車裡放垃圾，或用鏟雪車擋住他的車。其他警察覺得那只是單純惡作劇，像兄弟之間開玩笑。但是對科伊爾來說這很嚴重，這些行為讓他在警局裡完全感覺不到信任，心理上也沒有安全感，他甚至開始討厭上班，只想撐到值完班就趕快回家。情況愈來愈嚴重，科伊爾開始考慮要不要搬去其他地方重新開始，他已經在研究要轉調到其他警局，然後發生了一件事。

　　考利（Jack Cauley）來到城堡岩（Castle Rock）分局擔任新局長時，發現這裡與他剛離開的警局和全國各地的警局都差不多（跟多數企業文化也一樣）。在城堡岩分局，許多人覺得被低估、被忽視，為了達成績效目標而備感壓力。一位警員說：「基本上，我們被告知每個人都是可以被取代的，有數百人在等著我們的工作。」他描述考利局長到任之前城堡岩分局的情況。另一個人說：「新人不敢提出想法。」在這裡，警察會因

為罰單數量不夠而受到懲罰。

考利局長非常了解，警局把罰單和逮捕數量當作衡量業績的唯一標準。1986 年考利在堪薩斯歐弗蘭帕克（Overland Park）開始他的警察生涯，當時他是充滿抱負的年輕警察，自己也是透過超越上級設下的目標，才一路晉升到現在的位子。長官希望他開出多少張罰單，他就會開出雙倍的罰單。這些年以來，考利逐漸意識到，這種績效導向會損害警察文化。因此，當他有機會擔任城堡岩分局局長時，他欣然接受機會，想證明以建立信任取代猛開罰單、盲目服從或擔心工作不保，情況會有什麼不同。

考利擔任分局長的第一件事，就是與所有人一對一談話，包括每位警察和警局職員。對談期間，他聽到很多人提到，他們多年來一直要求在停車場周圍建圍欄。停車場就是分局周圍開放的露天空地，警察和職員都抱怨晚上下班時外面一片漆黑無聲，他們走到自己車上的路程都很害怕，不知道有沒有人躲在暗處準備襲擊他們。多年來高層都要大家將就，因為總是有比建圍欄更急、跟警務工作更相關的事情需要花錢，例如新的武器或新的警車。

考利很清楚，分局的員工覺得領導者不支持他們。

新局長必須先建立「安全圈」，否則他做其他事都不會成功。沒過多久，考利在停車場周圍設置了圍欄。這個簡單的舉動讓大家開始注意到：一切真的在改變。一連串看似小事的舉動，卻向團隊傳遞了強烈的訊息──我聽見你們的聲音了，我關心你們。安全圈是信任的必要條件，是讓人們心理上感到安全的環境，可以在同事面前展現脆弱，可以放心承認錯誤，承認自己在訓練中的不足，分享自己的恐懼和焦慮，還有願意尋求幫助，因為相信同事會給予支持，而不會反過來利用這些資訊來打擊自己。

在初期的一對一談話中，考利也坐下來與「問題警察」科伊爾對談。這位新任局長知道，內部調查已經證明那些涉及重大的指控並不屬實，但是有幾項違規確有其事，例如在私人車輛安裝非法有色玻璃窗。這些違規都不嚴重，但加在一起就足以讓這位年輕警察丟掉工作。考利局長本來可以對科伊爾說：「績效不佳，不值得信任。」然後要他走人。但是考利局長認為，問題其實出在不良的文化，而不是警察本身。如果他正在努力改變這種文化，那他也應該給科伊爾第二次機會。

對於許多有限思維領導者來說，局長的決定太冒險了。為什麼要留下已經證明表現不佳，又不值得信任的

人？然而，考利局長並沒有解雇科伊爾，而是讓他無薪停職三天。科伊爾記得局長告訴他：「這是扭轉局面的機會。」科伊爾微笑著講完接下來的故事，「他其實就是在對我說：『我相信你。』〔這份工作〕就是我的唯一，我已經沒有其他好失去了……所以我當時想，『好，就好好做吧！』」

科伊爾的話顯示，他知道自己需要努力。如果局長想建立信任的文化，他也必須讓自己值得信任。真正的信任關係需要雙方共同承擔風險，就像約會或交朋友，雖然其中一方要先冒險邁出第一步，但關係要能成功，另一個人也必須在某個時間點做出回饋。在組織中，領導者有責任邁出第一步，建立安全圈，之後則取決於員工是否願意冒險踏入安全圈。領導者無法強迫任何人進入安全圈，即使在信任的團隊，仍會有一些人不想進入安全圈，特別是在一直以來看重績效多於信任的團隊。這不表示這些人有問題，他們只是需要更多時間，真正的信任需要時間培養，有些人可能需要更多時間。

建立信任的過程需要冒險。從較小的冒險開始，如果我們感到安全，就會願意冒更大的險。有時我們會走錯、踩空，然後，再試一次。直到我們在團隊中可以完全做自己。我們必須持續、積極地培養信任。對於考利

局長來說，給科伊爾第二次機會，讓他能在更健康的文化中重新開始，這只是第一步。考利局長持續親自參與科伊爾的成長，不時給予指導、每隔一段時間就關心他、了解科伊爾在工作上的想法，並確保科伊爾的直屬長官也同樣這麼做。考利局長也要求科伊爾為自己的行為負責，並提供安全的空間，讓他可以表達感受，不必擔心被羞辱、嘲弄或報復。科伊爾也必須善用考利局長建立的安全空間，練習表達自己的感受，並在需要時尋求幫助，他的行為也應該與組織的價值觀一致。這些做法真的有效。

　　現在，城堡岩分局的文化已經完全改變，這是一個充滿信任的地方。科伊爾現在是城堡岩分局最受尊敬和信任的警官之一，更負責培訓加入他們單位的新人。考利局長仍在尋找真相，依然會舉辦一對一對談時間。

拯救福特，從消除恐懼開始

　　人類會本能地保護自己，我們會避開危險，尋找讓我們感到安全的地方。最安全的就是在我們感到安全的人身邊，我們知道這些人會保護自己；最容易引發焦慮

的就是當我們覺得只有自己孤單一人，我們必須保護自己不被團體傷害。不管是真實情況還是自己的感覺，遇到危險時，驅動我們行動的是恐懼，而非自信。想像一下，如果人們工作的地方會讓他們隨時擔心錯過升遷機會、擔心惹上麻煩、擔心被嘲弄、擔心無法融入、擔心老闆認為自己是白痴、擔心自己在下一輪的裁員名單上，那他們會如何行動。

恐懼是很強大的動力，可以迫使我們以完全違背對自己或組織最佳利益的方式行動。恐懼會迫使我們冒著造成無限傷害的風險，選擇最佳的有限選項。在恐懼面前，我們會選擇隱瞞真相。隱瞞在任何情況下都很糟，但是當組織表現不佳時又會更糟糕。這正是穆拉利（Alan Mulally）在 2006 年接任福特執行長時所面臨的處境。

福特陷入嚴重困境，穆拉利是被請來救火的。就像考利局長在城堡岩分局所做的一樣，穆拉利到福特的第一件事就是從員工那裡盡可能了解現況。然而，這項任務比他預期的還要困難。

為了隨時掌握公司的情況，穆拉利開始每週召開商業計畫檢討會議，所有高階主管都要參加，並就公司的策略計畫用簡單的顏色代碼（綠色、黃色和紅色）簡報

事業進度。穆拉利知道公司有很大的問題，所以當每週開會所有主管都把自己的專案標成綠色時，他非常驚訝。最後他沮喪地說：「我們今年會損失數十億美元。大家可以告訴我哪些地方情況不好嗎？」沒人回答。

　　大家保持沉默是有原因的，因為主管都很害怕。穆拉利上任之前，主管如果說出不中聽的話，經常會被前執行長責罵、羞辱甚至開除。受到獎勵的行為會被強化，主管於是養成保護自己的習慣，隱瞞出問題的地方或是未達到的目標。就算穆拉利表示希望大家誠實和負責，除非主管真正感到安全，否則也沒用。（有些人會說職場不該談感受，然而這家大公司的高階主管正是因為感受而不願意說實話。）但是穆拉利沒有放棄。

　　在之後的每場會議，穆拉利都重複同樣的問題，直到最後，美洲地區營運主管菲爾茲（Mark Fields）把簡報中的一張投影片改為紅色，他以為這個決定會讓他丟掉飯碗，結果並沒有，他也沒有被公開羞辱。相反地，穆拉利馬上拍手說：「菲爾茲，這樣看清楚情況真的太棒了！誰可以幫忙解決這個問題？」

　　在下一次會議上，菲爾茲仍是唯一在簡報中使用紅色投影片的主管。其他主管看到菲爾茲還沒被炒魷魚都很驚訝。一週又一週，穆拉利繼續重複問：「我們還

是在虧大錢，大家可以告訴我有哪些情況不好的地方嗎？」慢慢地，主管們漸漸開始在簡報中顯示黃色和紅色投影片。最後，所有人都可以公開討論自己面臨的問題。過程中，穆拉利學到一些可以幫助團隊建立信任的技巧，例如為了讓主管不用擔心自己被羞辱，他把主管面臨的問題與主管個人分開看待。「**你遇到了問題，**」穆拉利說，「**但你不是問題。**」

隨著檢討會議的簡報變得更加色彩繽紛，穆拉利終於可以看到公司內部的實際情況，這表示他可以積極提供員工需要的支援。安全圈一旦被建立，就形成了信任的團隊，而用穆拉利的話來形容，主管們現在可以「以團隊的形式共同努力把紅色變成黃色，黃色再變成綠色。」如果能做到這一點，穆拉利知道公司就有救了。

沒有什麼事、也沒有誰能永遠發揮百分之百的表現。旅途碰到阻礙時，我們如果不能坦誠相待、不能互相幫助，就無法走得遠。但是光憑領導者創造可以安全說出事實的環境，還是不夠。我們必須示範我們希望看到的行為、積極鼓勵能建立信任的行為、讓人享有自由同時也負起責任，以及給員工在工作中成長需要的支援。我們的價值觀和行為，才是奠定公司文化的關鍵。

泥巴、跳躍與甜甜圈

　　建立以信任為基礎的文化很不容易。第一步就是創造讓大家感到安全和舒適、可以放心做自己的空間。我們必須改變觀念，體認到我們需要能同時衡量信任和績效的指標，才能真正評量某人在團隊的價值，這正是考利局長讓城堡岩分局徹底轉變的關鍵，建立一種文化，以互相照顧和為社區服務，取代追求數字上的表現。考利局長知道要做到這一點，就需要改變警官被認可和獎勵的方式。

　　如今，城堡岩分局評量所有職員的標準，著重在他們正在解決的問題，以及他們對警局和社區居民生活的影響。傳統的評量標準還是存在，但已不再是重點。除了書面評估，考利有時還會在點名過程中頒發表彰獎狀給最能體現分局價值的員工。

　　不意外地，由於考利局長鼓勵並認可對團隊成員和社區的關懷，把積極主動的精神和解決問題的能力看得比傳統指標更重要，他的團隊就變得更樂於關懷、更積極主動、更會解決問題。同理，受到獎勵的行為會被強化。城堡岩分局的警員解決的問題愈多，就更積極主動，在警局和社區獲得的信任就愈高。考利局長稱這種

模式為「一步一步來」的警務工作，一次解決一個問題，這樣的體制鼓勵的是一致性，而非強度。

　　當領導者做的事情讓人們從心理上感到安全，人們就會信任領導者。這代表員工在執行他們受過訓練的工作時，應該被給予自由，能自行決定如何完成工作，讓人們享有自由，同時承擔責任。在舊體制中，大家被告知要「去做 A、B、C、D，然後再重複一遍。」考利局長解釋道，在新體制中，大家看到問題或機會時如果說：「如果怎樣做，應該會很好。」考利局長就會放手讓他們去做。

　　這就是「一步一步來」的核心。**好的領導加上信任的團隊，可以讓團隊把工作做到最好，打造出解決問題的文化，而不是隱藏問題的文化。**這就是在事故頻繁的十字路口開大量罰單，與想辦法減少事故之間的區別。這麼做也可以防止片面、強調數字的績效評量制度造成的執勤過當。

　　例如，警局的自行車小組得知鎮上有一條閒置的自行車道，他們看到了機會。小組主動發起活動，邀請有自行車的小孩來學自行車跳躍技巧、在車道上騎車，跟警察一起吃免費甜甜圈，他們把活動命名為「泥巴、跳躍與甜甜圈」。警員帶著當地商店捐贈的甜甜圈、一張

桌子和他們的自行車，等待孩子們出現。

　　第一次活動，他們以為會來的小孩很少，結果有超過四十個小孩來了，而且人數幾乎每月都維持不變。「泥巴、跳躍與甜甜圈」成為大家參與社區活動的好機會。對多數人來說，我們以往只會在出問題或是想擺脫問題時才會跟警察有交集，但這些警察想認識孩子們，他們希望孩子也能認識自己，而不是只靠學校那種一次性的職業介紹才能認識警察。「泥巴、跳躍與甜甜圈」活動沒有來自警局的任何簡報或正式要求，他們單純就是與孩子們一起騎車。

「一步一步來」模式

　　有一次，分局接到電話通報，有居民認為他們隔壁的房子被用來販毒。通常碰到這種情況，警察會展開調查，而且調查通常會暗中進行，臥底警員會監視那棟房子或嘗試跟屋主買毒品。打電話通報的鄰居不會看到警方的這些行動，可能會覺得被忽視。在接獲報案數週或數月後，警察會取得搜索票，召集大批武裝警力強行破門進行搜查。這種做法風險很高，而且根據警察跟我解

釋的，可能會逮捕一些人，但不久之後「〔毒販〕往往會回到街上，也許還會回到同一棟房子重起爐灶。」即使警察成功封鎖房子，犯罪現場也常常被警用膠帶圍起來，門也會被砸破，這可不是其他鄰居樂見的情況。

　　城堡岩分局的新文化，讓警察有嘗試不同做法的機會。警方沒有進行監視，一名警察直接走到被控販毒的房子敲門。有人應門時，警察沒有要求要進去，而是表明有人報案，說這間房子可能有毒品交易的情形，並告知屋內的人，警方會開始監視。在接下來的幾個星期，該地區的警力開始增加。警察巡邏時會特意開車經過這間房子，也會把車停在房子對面吃午餐。事實證明，你很難在警察經常在周圍出沒的房子販毒。於是，租客離開了。沒有破門而入，沒有人的生命受到威脅。

　　我完全理解有人會說，警察根本沒解決問題，只是讓問題轉移到另一個地點，害另一個轄區要冒著生命危險處理這個問題。我同意你的看法，看起來確實如此，但這是一場無限賽局。「一步一步來」模式的目標應該是讓其他分局也開始採取類似策略，更進一步發展自己的策略。遲早，在住宅區販毒這種犯罪行為會愈來愈難做的生意，一個城市接著一個城市，一州接著一州，一步一步改變。請注意，我說的是「更困難」，而不是從

此消滅販毒。儘管大家常說「反毒的戰役」，但這並不是一場可以打贏的賽局。毒販並沒有試圖擊敗警察，贏得勝利，他們只想做更多的毒品生意，所以警察要以正確的思維來迎戰這場賽局。

請記住，無限賽局需要無限的策略。犯罪屬於無限賽局，因此考利局長的手下採用的方法，比「進攻然後征服」的思維更適合這場賽局。目標不是取勝，而是確保自己的意志和資源，同時努力挫敗其他玩家的意志，耗盡他們的資源。警察永遠無法「打敗」犯罪。相反地，警察可以使罪犯更難成為罪犯。在城堡岩分局，考利局長的團隊正在開發容易執行、低成本、夠安全的策略，可以不斷被重複……如有必要，就直到永遠。

考利局長說：「警察的工作大多是處理生活品質的問題，而不是打擊犯罪，那警察自己的生活品質該怎麼辦呢？」如果有人每天都要打起精神去做自己討厭的工作，不只會損害他們的信心，也會影響他們的判斷力。「如果警察脾氣暴躁，倒楣的可能是你，」一位警察解釋：「他今天已經很不順了，你又讓他心情更糟，或是加重他的工作量，那你可能會得到最糟的結果。」就像殼牌 URSA 鑽油台，當工作攸關生命時，創造讓員工感到安全、願意打開心胸的空間，不光是一個好主意，

而是絕對必要。

如果警察每天上班都充滿幹勁，上班時感覺到自己被信任、也願意信任他人，可以安全自在地表達感受，那與警察互動的民眾也有很高的機率可以從中受益。除非員工先愛公司，不然客戶永遠不可能愛公司，同理，除非警察先信任彼此和他們的領導者，社區居民才有可能信任警察。

靠著向內聚焦文化，來應對外部的挑戰，城堡岩分局七十五位警官有了顯著的變化。美國近一萬兩千五百個警局中，超過 95% 的分局警察少於一百名，因此「一步一步來」模式也可以做為其他分局的榜樣，解決在內部或與社區的信任問題。

的確，考利局長知道分局還有很大的進步空間，舊的思維也還沒完全消失。但是，城堡岩分局開創了新的路，他們的文化也比以往更健康。據說，警察有發現，社區裡向他們揮手致謝的人明顯變多了，在咖啡店請他們喝咖啡的人也變多了。犯罪率得到控制，社區也更願意伸出援手。考利局長說：「大家把我們視為解決問題的人，而不只是執法人員。」

在任何行業，如果領導者為了達成績效目標而給員工過大的壓力，加上失衡的獎勵機制，我們就可能創造

出優先考慮短期績效和資源，而犧牲長期績效、信任、心理安全和意志的環境。在警界是這樣，在商場也是如此。如果客服人員在工作上承受很大的壓力，他們提供給客戶糟糕服務的機率就會增加，因為員工的感受會影響他們的工作方式，這不是新聞。在任何工作環境，如果人們需要說謊、隱瞞和假裝自己的焦慮、錯誤或訓練不足，因為害怕被找麻煩、被羞辱或丟掉工作，就會傷害信任。在警界，這種職場帶來的負面影響可能比糟糕的客服嚴重得多。

在沒有信任的脆弱文化中，人們會從規則中找安全感，這就是為什麼會有官僚作風。大家認為嚴格遵守規則就可以保住工作，沒想到在過程中卻傷害到組織內外的信任感。在信任穩固的文化中，人們會從人際關係中找安全感，強韌的關係是高績效團隊的基礎，所有高績效團隊都始於信任。

但在無限賽局中，我們需要的不只是強韌、值得信任、高績效的團隊，我們需要的是能長久確保信任和績效的體制。如果創造信任的環境是領導者的責任，我們有沒有在培育這樣的領導者？

海軍陸戰隊的領導力測驗

美國海軍陸戰隊的未來領導者會在維吉尼亞州寬提科（Quantico）的軍官預備學校參加為期十週的培訓和選拔。在軍官預備學校進行的眾多測試中，有一項「領導力反應課程」，由二十個小型障礙訓練組成，更準確地說，是問題解決課程。海軍陸戰隊四人一組接受各種挑戰，例如，如何在規定的時間內只用三塊不同大小的木板，讓全體人員和軍需物品通過水坑障礙（池塘的軍事術語）。

海軍陸戰隊用「領導力反應課程」來評估未來軍官的領導素質，他們會觀察候選人的幾項反應，例如如何跟隨領導、面對困境的處理能力，以及他們能多快掌握情況、確定優先順序和分配任務。令人驚訝的是，在評估這些未來領導者的所有素質中，成功完成障礙的能力並不在考量範圍內，評估表的最下面甚至沒有可以勾選完成障礙的框框。換句話說，海軍陸戰隊的評估重點是投入，也就是行為本身，而不是結果。這麼做有充分的理由，他們知道，**好的領導者有時任務會失敗，壞的領導者有時任務會成功。成功並不是使某人成為領導者的原因，展現領導力才是使一個人成為優秀領導者的原因。**

海軍陸戰隊經過多年的反覆試驗、不斷摸索後發現，誠實、正直、勇氣、堅忍、毅力，判斷力和果斷等素質，更可能建立信任與合作，久而久之，團隊成功的可能性會大於失敗的可能性。把意志放在資源之前，把信任放在績效之前，團隊長期績效才能保持在更高的水準。

　　對任何組織來說，培養新一代領導者的能力都非常重要。如果把組織想像成植物，無論它有多強壯、長多高，如果不能結出新的種子，如果沒有培育新的領導者，組織在未來世代持續成長的能力就是零。領導者的要務之一，就是培養新的領導者，而且是能幫助組織迎戰無限賽局的領導者。但如果現任的領導者更專注在讓植物本體長得愈大愈好，那麼就像雜草一樣，植物會不擇手段想辦法生長，不管對整座花園會產生什麼影響（也不管對植物本身長期的影響）。

　　我知道許多位居高層的人，但他們不是領導者。他們可能職位很高，我們會因為階級而聽從他們的指示，但這不代表我們信任他們，或是想跟隨他們。有些人可能沒有正式的頭銜，但是他們願意冒險照顧底下的人，他們創造能讓大家做自己、放心分享的空間。我們會信任這樣的人，我們會跟隨他們，願意為他們付出額外的努力，不是因為必須這麼做，而是因為我們想這麼做。

　　領導者是否可以通過水坑障礙或任何其他障礙，海軍陸戰隊其實並不在意。他們想訓練出的領導者，可以創造讓每個人都感到被信任、也會信任他人的環境，所有人可以一起克服障礙。海軍陸戰隊知道，建立在信任基礎上的領導，可以確保他們更常獲得成功。

　　這是我在本書中會一再重複的一句話：**領導者要負責的不是結果，領導者要負責的是要對結果負責的人們。**提升組織績效的最佳方法，就是創造一個環境，讓資訊可以暢通無阻、錯誤可以被突顯，大家可以隨時提供和接受幫助。簡言之，就是彼此之間都感到安全的環境，這才是領導者的責任。

　　福克斯就是這麼做的，他創造了一個環境，讓他的工程團隊感到安全，可以對彼此示弱，因而創造了高績效團隊；海豹部隊也是這樣做的，為了建立高績效團隊，他們優先考慮信任，而不是表現；穆拉利是這樣做的，他為員工創造了安全的空間，鼓勵大家說出真相，幫助福特再次成為出色的公司；這也是考利局長一直在做的事，結果徹底改變了警局的文化。當領導者願意把信任擺在績效之前，績效幾乎總是會跟著提升。然而，若領導者只關心績效，組織文化勢必會受害。

08

小心道德褪色

> 合法是最低標，避開道德瑕疵的滑坡效應，
> 「大家都這麼做」不代表就是對的

竟然會發生這種事，在各種層面都非常不道德。很難想像這群可能自認善良和誠實的人，竟然會做出不管以哪種標準來看都是錯誤的行為。

從 2011 年中到 2016 年中，富國銀行（Wells Fargo）的員工開立超過三百五十萬個假帳戶。《紐約時報》2016 年的報導指出：「有些客戶開始察覺被詐欺，因為他們被索取不知名的費用、郵件中收到他們根本沒申辦的信用卡或金融卡，或開始被追討他們根本不知情的欠款。大多數假帳戶都沒有被發現，因為銀行員會在

開戶後不久定期關閉帳戶。」

最終，有五千三百名富國銀行員工因參與詐欺被解雇。當時的執行長史坦普夫（John Stumpf）告訴國會，這些做法「違背了我們的核心原則、道德規範和文化。」富國銀行給媒體的聲明也與史坦普夫口徑一致：「我們多數團隊成員每天都在代表我們的客戶，做對的事……發生上述的事件令人痛心，更不是富國銀行的本意。」換句話說，富國銀行的主管希望我們相信，違法的只是少數害群之馬。但這不是少數人的個別行為，而是上千名員工多年下來的行為結果！事情的真相很可能是，富國銀行的文化就是「道德褪色」（ethical fading）的嚴重案例。

道德褪色是一種狀態，人們為了自身利益而做出不道德行為，往往會犧牲他人利益，卻抱持沒有違背道德原則的錯覺。道德褪色通常會從一些微不足道、看似無害的違規開始，如果放任不管，就會繼續擴大和變本加厲。

儘管任何地方都可能發生道德瑕疵，但以有限思維運作的組織尤其容易受到道德褪色的影響。如前幾章討論的，過分注重季度或年度財務績效的文化，可能會造成龐大的壓力，使員工為了達到公司設定的目標而偷工減料、扭曲規則，和做出其他具道德爭議的決定。不幸

的是，那些不擇手段達到業績目標的人會得到獎勵，無形中透露了組織的優先順序，這種獎勵制度又繼續助長不當行為。達到業績目標的人會獲得獎金或升遷，而且往往不用考慮達標的手段；行事正直卻沒有達標的人則會受到懲罰，被主管忽視、無法獲得升遷。

這種情形等於告訴所有人，達到業績目標比道德更重要。原本不願意有樣學樣的人也會屈服於壓力，因為他們發現這是獲得獎金、升遷，甚至是保住工作的唯一途徑。他們會失去判斷力，並開始將自己的道德偏差合理化。「我得養家」、「這是高層要求」、「我別無選擇」，以及我個人覺得最經典的說詞：「這是行規」，這些都是我們告訴自己或其他人的合理化說詞，幫助我們減輕內疚或責任感。

身為人類，我們理性思考的能力是恩賜，也是詛咒。我們會試圖合理化周圍的世界，我們可以理解複雜的方程式，還有內省的能力。理性思考和分析能力讓我們能解決難題、推動科技進步。我們也會運用分析能力來正當化自己不道德的行為，或逃避罪惡感。就像從有錢朋友家裡偷東西，然後對自己說：「他根本不會注意到，而且他買得起新的。」我們可以用任何方式合理化自己的行為，但我們終究還是偷了朋友的東西。當這種

合理化在組織內部變得司空見慣，雪球就會愈滾愈大，
直到不道德行為遍及整個組織，在最極端的情況下，就
會導致富國銀行發生的大規模腐敗。

壓力之下，沒有好人

1973 年，普林斯頓大學心理學教授達利（John M.
Darley）和巴特森（C. Daniel Batson）進行一項實驗，
想了解情境如何影響我們的道德觀，特別是壓力如何影
響我們幫助落難者的意願。他們請一群神學院學生走到
校園的另一頭，向大家講述〈好撒瑪利亞人〉的故事。
〈好撒瑪利亞人〉是新約聖經中的故事，一名從耶利哥
前往耶路撒冷的撒瑪利亞人，看到有人被強盜打劫，受
了重傷躺在路邊，他是唯一停下來幫忙的人。

為了重現這個場景，兩名教授雇了一名演員躺在小
巷子裡，好像被搶劫、受傷了倒在地上，學生走過校園
時一定會從演員身邊經過。教授對不同組的學生施加不
同程度的壓力，觀察壓力對學生的行為有什麼影響。有
一組學生受到很大的壓力，被要求要趕快走到目的地，
「你遲到了，」實驗人員告訴他們，「他們幾分鐘前就

在等了，我們最好快點走。助教應該在等了，最好快點，路程應該只需要一分鐘。」第二組則受到中等程度的壓力，「助教已經準備好了，請馬上過去。」最後一組承受的壓力最輕微，「他們還要幾分鐘才會準備好，不過你還是先過去吧！到那邊之後應該不用等太久。」

壓力較小時，有 63％的學生會停下來幫助受傷的人。在中等程度的壓力下，有 45％的人會停下來伸出援手。在高壓之下，只有 10％的學生會停下來幫助明顯有困難的人，有人甚至直接從傷者身上跨過去。結論很明顯，所有學生都是樂於服務的好人，他們可是未來的神職人員！但當他們承受壓力時，在這個實驗中是時間壓力，他們做正確決定的意志就會屈服於加諸在他們身上的要求。富國銀行業務部門的銀行員就承受了極高的業績壓力。

公司對於達到業績目標的員工有許多強化行為的機制，不管用什麼方式做到，對沒有達標的人，公司也會傳達一種恐懼。有些員工回憶道，他們每天都要銷售八到二十種不同的金融產品，沒有達標就會被主管責備。有位員工記得主管告訴她：「沒做到業績，你就不算是團隊的一份子。拖累到團隊妳就會被開除，而且這個紀錄會一直跟著你。」這位員工告訴主管，她無法以道德

的方法達到主管期望，甚至多次打電話到銀行的道德熱線反映。當大型組織內部出現道德上有瑕疵的行為時，我們都希望或期望員工會反映。但最終，富國銀行解雇了這名員工，而不是回應她的擔憂。富國銀行期待員工，不可以說出無法達標這種話，無論如何都要想辦法找到達成業績的方法。一位富國銀行員工承認：「用不道德的方式銷售是常態，公司就是這樣教我們，我們就照做。」

　　道德褪色不是單一事件，不像按開關一樣突然出現，更像是逐漸蔓延惡化的感染。調查富國銀行醜聞的結果發現，在醜聞爆發前十年，銀行內部審查就已經發現組織的不良環境和不道德行為。那份審查的結論是，員工因為害怕丟掉工作所以具有「欺騙的動機」。儘管審查結果有發送給公司的稽核長、人資部門及其他單位，但領導階層並未處理。

　　不只如此，2010 年，也就是行員開始設立假帳戶的前一年，據傳就有七百件爆料檢舉，投訴公司不當的銷售策略（董事會表示對此一無所知）。史坦普夫早在 2013 年就知道公司有系統性問題，然而 2017 年的一份董事會報告顯示，他早在 2002 年就知道有個別的道德缺失，早在醜聞爆發十五年前！同份報告更指控富國的

社區銀行業務前負責人托爾斯泰特（Carrie Tolstedt）不僅知道公司有不法銷售方式，更「強化了高壓的銷售文化」。該報告指出，她也是「出了名地抗拒外界干預和監督」，並且與其他高層一起「挑戰並抵制審查」。大家只能猜測，她可能也承受同樣的壓力所以不敢說，或者她因為業績而獲得可觀的報酬。

儘管富國銀行公開聲明，醜聞僅限於零售部門，公司大部分的人都在「做對的事」，但有大量證據顯示道德褪色的情形已經遍及全公司，例如，假帳戶醜聞發生的同時，銀行還虛報了借出的貸款數字，2018 年富國銀行被罰款 20.9 億美元才達成和解。此外，銀行的車貸部門因為出售客戶根本沒簽署的車貸，而必須償還八千萬美元；史隆（Tim Sloan）在接任史坦普夫成為執行長之前管理的批發部門，也因為道德問題而受到審查，其中可能包括洗錢。

富國銀行最終確實擔起開立數百萬個假帳戶的責任，被處以總計 1.85 億美元的罰款。然而，撇開暫時的丟臉和短期內的股價影響，這樣的處罰其實很輕微。富國銀行當年度總獲利就高達二百二十億美元，罰款只占不到 1％，更只占年營收九百五十億美元的 0.2％。從比例上看，相當於年薪七萬五千美元的人被罰了一百

五十美元，根本不痛不癢。

　　沒有任何一位主管因為允許員工詐欺（這是一種犯罪）被追究刑事責任，沒有人因此坐牢，甚至沒有人被起訴。史坦普夫確實丟了工作，並失去四千一百萬美元的限制型股票，但他是在龐大的社會壓力之下才被解雇，離開時還拿到超過 1.34 億美元的退休金和股票。負責監督公司文化的領導者放任公司發生道德褪色事件，不僅不用受罰，還可以從中獲利……這等於在誘使其他領導者繼續保持現狀。主管以績效導向文化自豪時，卻不用為道德褪色負責，我認為是很令人不安的現象。

邁蘭的醜聞

　　對花生、蜜蜂或貝類有嚴重過敏反應的人都很清楚，腎上腺素能救你一命。EpiPen 有 90％的市占率，過敏的人有很高的機率都是打這個牌子的腎上腺素。EpiPen 腎上腺素自動注射器可以停止過敏性休克，對有嚴重過敏症的人非常重要，注射筆有效期限是十二個月，必須每年更換。每包裝內含兩管注射筆，售價一百美元，這是很好的生意。

2007年，邁蘭（Mylan）藥廠買下EpiPen的專賣權，因為該品牌在市場的主導地位，加上當時沒有其他學名藥可選擇，邁蘭每年都以22％的漲幅肆無忌憚地提高定價。看到漲價對股價的影響之後，董事會在2014年決定再加碼，他們提供部分員工一個機會，如果在未來五年能讓公司的每股盈餘翻倍，就可能分到高達數億美元的獎金，光是職位排行前五的高階主管就能賺進近一億美元。

當然，這項激勵措施實施後第二年，公司又再提高EpiPen定價，從22％提高到32％。2009年以來第十五次漲價後，邁蘭於2016年宣布兩管EpiPens的新定價為六百美元，在短短六年內飆漲了500％。如果不是大眾強烈抗議以及眾議院監督委員會介入調查，他們可能還會繼續漲價。

當執行長布雷施（Heather Bresch）被問到是否感到抱歉，她回答：「我不會為了根據現有體制來經營而道歉。」（順便一提，當責是對自己的行為負責，而不是把行為歸咎於體制。）

邁蘭內部道德褪色的程度嚴重到布雷施根本不覺得她或公司做錯了。更難以置信的是，布雷施甚至辯稱EpiPen的醜聞其實是好事，可以喚起大家關注醫療保

健系統被濫用的問題，並推動健保改革。當然，如果邁
蘭的文化把道德放在獲利之前，並且對一個崇高的信念
負責（而不是自己或股東），他們本來可以利用強大的
市場主導力來提倡改革，根本不需要走到這一步。行事
不道德、做壞事被發現、拒絕對自己的行為負責，然後
怪罪體制，這些完全不是改革者應有的行為。

　　巧合的是，在 EpiPen 爆發漲價醜聞兩年後，邁蘭
與美國司法部達成和解，邁蘭因為錯把原廠藥 EpiPen
歸類成學名藥，濫領政府補助，必須賠償 4.65 億美元。
美國檢察官溫納布（William D. Weinreb）解釋：「邁蘭
把原廠藥 EpiPen 錯誤歸類為學名藥，濫用醫療補助計
畫牟利……納稅人合理期望邁蘭這類拿納稅人資助的醫
療補助的公司，應該會嚴格遵守規則。」也許邁蘭是對
道德嚴重過敏。

　　好人會做壞事，原因不光是有缺陷的獎勵機制，如
果單純是這樣，從事這些行為的人應該會良心不安，晚
上輾轉難眠。但所有證據顯示，這些人並不覺得自己做
的選擇有問題，在布雷施的例子中，她更是狡辯、毫無
歉意。研究道德褪色現象的社會科學家發現，做出違反
信任行為的人並不邪惡，他們的問題是自我欺騙。

自我欺騙

我們人類有各種聰明的方法可以合理化我們的行為，欺騙自己以為道德上有問題的行為都是公正、合理的，即使理性的旁觀者會認為完全不是這麼一回事。聖母大學商業倫理學教授譚布倫瑟（Ann Tenbrunsel）和西北大學凱洛管理學院管理與組織系名譽教授梅西克（David Messick）都在研究自我欺騙在組織道德褪色過程中扮演的角色。他們從研究中辨識出幾種模式，這些模式都意外地簡單且常見，會使個人和團體在從事不道德行為時，會認為自己是對的。

我們欺騙自己的其中一種方式就是靠我們使用的語言，確切地說就是「委婉措辭」。委婉措辭使我們能與自己的決策或行動帶來的影響保持距離，我們就不會對自己的行為感到厭惡或難以忍受。美國的政治人物意識到大眾認為酷刑審問是不人道、不符合美國價值的。因此「強化偵訊」成為他們在九一一事件之後保護家園、又不會受良心譴責的新說法。

我們在商場上也這麼做。運用措辭來減輕或掩蓋我們行為造成的影響，是商場上的常態。我們說要管理「外部效果」，而不是直接說「我們的製程對在工廠的

工作人員和環境造成的損害」；「透過遊戲化提升使用者體驗」比「我們找到方法可以讓大家對我們的產品成癮，進而提高業績」更容易讓人接受；企業把「人」說成是「資料點」，而「資料探勘」其實就是監控我們在網路上的每一次點擊、造訪的足跡和習慣；我們會說「縮減員工數」；線上售票公司向我們收取「便利費」，而不是明說這就是手續費。

　　措辭可以幫助我們逃避責任，也可以幫助我們採取更合乎道德的行動。如果我們在組織裡開始直接說出事物的本質，也許就會花時間去尋找更有創意、更合乎道德的方法來實現目標，過程中也會強化我們的文化，這部分稍後再細談。

　　導致道德褪色的另一種自我欺騙，就是「把自己從因果關係鏈中抽離」，例如邁蘭的執行長把自己違反道德的行為歸咎於「體制有問題」。有時，我們甚至可以抽離得很遠，把產品對消費者該有的責任全部推給消費者本身。雖然在法律上是合法的，但企業經常用「買者自慎」或「買方注意」來撇清責任。「如果不喜歡，可以不要買。」被問到公司產品造成的負面影響時，我們經常會聽到主管回答這句話。雖然消費者的選擇的確是一個因素，但這不能、也不會把組織從因果關係鏈中完

全消除。沒錯，吸菸者要對自己因為抽菸而造成的健康
損害負責，但香菸公司依然參與其中。

　　遵守法律並不代表公司可以免除道德責任。例如，
多數公司都認為，我們一旦接受了視窗上的那一長串條
款和條件，他們對接下來發生的事情就不用負任何責
任。從法律上來說可能沒錯，但從道德上絕非如此。

　　Instagram、Snapchat、Facebook 和許多手遊公司都
不能否認他們與網路成癮技術的關係，只不過目前就網
路成癮還無法可管，特別是這些公司很清楚，自動載入
新資料、按「讚」和自動播放內容等功能都是為了讓我
們專注在螢幕上的時間更長。這些公司幾乎都會解釋，
添加這些功能或收集我們的個人資料，都是為了「改善
使用者體驗」。儘管我們確實可能從中獲得一些好處，
但也都有代價。衡量好處與可能造成的傷害，或是否與
我們的價值觀互相牴觸，這就是道德的意義！天下沒有
白吃的午餐。

　　2019 年《華盛頓郵報》（*Washington Post*）的一篇
文章寫道，Facebook 創辦人暨執行長祖克柏（Mark
Zuckerberg）就 Facebook 受到的批評給出回應，他要求
政府立法監管：「我相信我們需要政府和監管機構發揮
更積極的作用。更新網路的規則，我們就可以保留網路

最好的一面。」他彷彿在說，根據傅利曼對企業責任的定義，只有在法律和「道德習俗」有要求時，Facebook才能做到合乎道德。令人遺憾的是，在科技與社群平台等產業，情況已經糟到我們可能真的需要為道德立法，但我們是怎麼走到這一步的？

滑坡效應讓道德褪色成為常態

譚布倫瑟和梅西克認為，大家熟悉的「滑坡效應」（slippery slope）是自我欺騙導致道德褪色的另一個原因。容忍每一次不道德行為的同時，就是在為更多和更嚴重的不道德行為鋪路。我們一點一滴改變了文化中可接受的行為規範，「如果其他人都在做，那就一定沒問題。」

當領導者全心關注有限賽局時，這些滑坡往往會因為有利可圖被忽略或被刻意忽視。在無限思維的組織中，大家會避開為了獲利而採取不道德的方法：「這是個壞主意，我們完全不想靠近。」但在執著於有限賽局、道德開始褪色的組織，大家對同樣想法的反應則是：「太棒了，我們怎麼沒有早點想到這個辦法！」再加上失衡

的獎勵機制，只重績效而忽略信任，道德瑕疵就會漸漸開始失控，就好像從塗滿嬰兒油的鐵氟龍材質滑水道往下滑，最終演變成全面的道德褪色。

　　大家都知道溫水煮青蛙的故事，邁蘭逐步拉抬EpiPen 的定價，無疑是為了減輕突然大幅漲價對消費者的衝擊（或增加接受度），然而這也是道德褪色的跡象。逐步（即使是短時間內）提高價格，公司的績效指標也跟著攀升，隨著財報數字上升，許多人可能已經開始想要怎麼花獎金，邁蘭的主管只看見自己會獲得的巨大好處，因此很自然地在道德上對自己睜一隻眼閉一隻眼。於是，他們再加快漲價的速度，就可以更快達到或超越他們的目標，就像上癮一樣，等不及再趕快達標。

　　邁倫和富國銀行是道德褪色的極端案例，這些例子有助於我們了解道德褪色的機制，但是別上當……也別掉以輕心。沒有詐欺或醜聞並不代表沒有問題。實際上，如果我們仔細觀察，就會在許多企業看到道德褪色的跡象，例如，用會計作帳來減少公司稅務負擔；提供折扣卻故意設計剪下盒子條碼、填表格、附收據並郵寄等複雜步驟，因為公司很清楚多數消費者都會懶得完成要求；食品和飲料公司誇大產品對健康的好處，試圖隱藏不健康的成分或修改包裝上的成分說明，讓產品的含

糖量或熱量看起來比實際少。這些都不違法，但也都令人不安。而我們愈是容許這樣的做法，這樣的行為就會漸漸變成「正常」或「業界標準」。

請記住，道德褪色是一種自我欺騙。任何人，無論個人本身的道德標準如何，都可能屈服。我們指出並譴責的那些領導者，用不道德的方式經營企業並獲得豐厚的報酬，他們並不認為自己做錯了。如果你不認為自己有錯，怎麼會想改變做法呢？

邁蘭或富國銀行是因為爆出醜聞才暴露出問題，但是被大眾揭發並不能解決問題，多數組織不會碰到類似的危機來幫助我們看到醜陋的事實。放任道德褪色日漸嚴重，組織最終就很有可能全面崩壞。不僅是對公司，對員工、客戶和投資人來說，其代價都將遠超過現在就解決問題會付出的代價。

史隆在接任富國銀行執行長後，承認管理階層「太晚意識到問題的範圍和嚴重程度」，並發誓「絕不允許這種情況再次發生」。承諾很容易說，卻不容易做到，道德褪色可能非常難回復。如果試圖改變的領導者仍然依據有限思維行動，更不可能成功，因為有限思維領導者在改變道德褪色的文化時，會怎麼做？他們會用有限的解決方案。（提示：結果是不可行的。）

不合理的流程會強化不誠信

我曾在一家大型廣告公司上班，工作一年之後，高層開始要大家填工作時間表。這與律師按實際工作時數向客戶收費不同，這是公司監視我們的方式……其實沒人真的知道為什麼要有工作時間表，大家只是被告知要照做。

我連續幾個月都逃過一劫，沒填工作時間表。我認為，如果公司要監控我如何安排工作時間，那我也不想告訴公司我對被指派的客戶花了百分之百的心力。當然，我沒交工作時間表被發現了，所以從那之後，每到月底我都會一口氣寫完所有的工作時間表，全部寫上午九點半進公司，下午五點半離開，事實上我經常是早到晚走，但誰在乎？我記得我把表單交給老闆簽名。他看了看，語帶諷刺地對我說：「你工作時間還真固定啊！」然後簽了名。

我推測，要大家填工作時間表可能是為了會計方面的問題。也許客戶認為公司超收費用，所以要求公司證明那些承諾會參與的資深同事真的有把時間花在客戶的案子上……或類似的事情。為了處理會計問題而在全公司實施這個新流程，這種做法就是翁博士（Dr.

Leonard Wong，音譯）所說的「懶惰管理」（Lazy Leadership）。

出現問題、績效落後，有人犯錯，或是不道德的決策被舉發時，懶惰管理的主管會選擇增設解決問題的流程，而不是給員工支持。畢竟，流程既客觀又可靠，相信流程比信任人更容易，或至少我們是這麼想的。但實際上「流程只會告訴我們，我們想聽的，」翁博士指出，「〔流程〕讓我們能往下進行，但可能無法告訴我們真相。」當領導者用流程取代判斷時，道德褪色就會持續存在……即使是堅持高道德水準的文化也一樣。

例如，軍人認為他們對誠實和正直的標準比一般大眾更高，民眾也這樣認為。然而，在翁博士與共同研究者格拉斯博士（Dr. Stephen Gerras）合著的論文〈欺騙自己：軍中的不誠信〉（Lying to Ourselves: Dishonesty in the Army Profession）中，這兩位任教於美軍戰爭學院的退休軍官發現，造成系統性道德褪色的原因，是加諸在軍人身上過多的流程、程序與要求。長官的某些要求不是不合理，而是根本不可能。例如要求他們完成的培訓天數，居然比日曆上的實際天數還多。

軍中與企業界一樣，完成任務的壓力來自上級指令，但是壓力有時候也會由下往上。為了脫穎而出，軍

官們都希望自己看起來好像什麼都做得到，什麼都能做好，如果沒達成要求，可能會破壞指揮官的形象，受到譴責，並影響升遷。提交不實的報告有助於維持軍中體制運行順暢，並確保軍官自己的職涯發展順利。而且，由於誠實的懲罰有時比說謊的懲罰更大，士兵們只能靠說謊或作弊才能達成要求，完全是進退兩難的局面。

結果是，軍人會開始動腦筋找創意方法來達成要求，同時以為自己的高道德標準沒有受到影響，這已經成為普遍的現象。翁博士與格拉斯博士舉了一個例子，是部隊在部署到阿富汗或伊拉克之前必須完成的最後訓練。士兵必須把身分證件插入電腦，驗證身分後才能開始做電腦化測練。一名士兵承認，他會收集他的九人小組所有人的證件，然後挑出小組裡中最聰明的人去完成九次訓練，這樣每個人都可以得到證書。

許多人並不認為這是作弊或說謊，這只是「依規定行事」、「行政流程的一部分」，或只是在做「長官要求的事」。有些人根本不認為自己的行為不道德，因為這件事本身太過雞毛蒜皮，他們覺得跟正直或誠實與否沒關係，就像我和那張工作時間表一樣。就好像我們跟別人說「家裡臨時有事」必須取消約會，實際上家裡根本沒事，我們只是想不傷感情地逃避聚會。這只是小小

的、無傷大雅的善意謊言，所以我們還是相信自己是誠實的。

　　但當這些看似輕微的違規愈來愈普遍，就是道德褪色的跡象。請記得，道德褪色的定義是從事不道德行為卻認為自己的行為符合倫理或道德準則。就像在商場上一樣，如果士兵的任何不道德行為導致了更嚴重的後果，引發眾怒，那士兵的確有可能受到懲罰（結果想必是軍隊其他成員也都要接受額外的線上訓練，以防止類似情形再次發生）。

　　很諷刺地，當我們用有限思維的解決方案來解決有限思維造成的道德褪色，就會讓道德褪色的情形更加惡化。當我們用流程和機制來解決組織文化問題時，得到的往往是更多的謊言和欺騙。小謊言變成大謊言，這種行為也逐漸被正常化。

　　懶惰管理並不是委婉地在說領導者不好或誰不好，就像不想運動的人並不是壞人。用懶惰管理所做的決策通常立意良善，以軍隊或任何大型組織而言更是如此，領導者可能真的相信他們提出的額外要求和規定都是好的，但這些做決策的高層本人通常不需要做到這些額外的要求，因此他們更不可能察覺自己的「解決方案」引發的問題。但如果長官其實也有意識到，或自己也受到

這些表裡不一、功能失調或官僚制度的影響，那麼就像我在廣告公司的老闆一樣，他們也可能是這場騙局的共犯，這些長官可能也在合理化和自我欺騙，這麼一來，道德褪色的滑坡又變得更滑了。

如果道德褪色會發生在軍隊這種高度重視誠信的地方，那道德褪色就可能發生在任何地方，事實也確實如此，道德褪色在企業和機構中有多普遍，再怎麼強調也不為過。但更多的流程與架構並不是道德褪色的解藥，流程非常適合管理供應鏈，程序有助於提高產能，然而道德褪色屬於人的問題。**儘管看起來好像反直覺，但人的問題需要靠人來解決，而不是更多的文書工作、訓練和認證。**

道德褪色的最佳解藥和預防針，就是無限思維。領導者如果能給大家一個的崇高的信念，並讓大家有機會與信任的團隊一起合作來推動這個信念，就能建立一種文化，員工在努力實現短期目標時，也能同時考慮到道德、倫理以及更廣層面的影響。不是因為他們被要求這麼做，也沒有檢核表查核他們的行為，更不是因為他們參加了名為「以道德行事」的公司內訓線上課程，他們這麼做是因為這是自然而然的事情。我們之所以依據道德行事，是因為不想做任何會損及崇高信念的事，當我

們感覺自己是信任團隊的一份子，我們就不會想讓隊友失望。我們會想對團隊和組織的名譽負責，而不只是考慮自己跟個人的抱負。當我們感覺到自己所屬的團體真正關心自己，我們都會希望為團體付出、做對的事、讓領導者感到驕傲，我們的標準自然會提高。

　　人是社會動物，我們會對所處的環境做出反應。把善良的人放在道德褪色的環境中，這個人就很容易受到道德瑕疵的影響。同理，把以前可能曾做過不道德行為的人放在強韌、有核心價值的文化，這個人也會跟著環境的標準和規範行動。正如前文所述，領導者不是對結果負責，而是對負責結果的人負責。這是需要不斷投入心力關注的任務，因為小小的瑕疵積少成多，最後就會出大問題。

　　無限思維領導者知道，要創造能防止道德褪色的文化需要耐心和努力。需要對信念的執著，需要把意志放在資源之前，需要培養信任的團隊。可能會花超過一季或一年的時間（取決於公司規模）才能感受到改變，而且一旦建立（或重新建立）道德標準，就必須戰戰兢兢地維護。如果道德褪色的動力來自於自我欺騙，維持道德就需要完全的誠實和不斷的自我評估。道德瑕疵都會發生，這是人性的一部分，但道德褪色並不是。道德褪

色是領導的失敗，是企業文化中可以被控制的因素，反
之亦然，符合道德的文化也是領導者可以努力塑造的成
果。

最高道德標準，還是能賺錢

2011 年 11 月 25 日，戶外活動服飾公司巴塔哥尼亞
（Patagonia）在《紐約時報》上刊登全版廣告，標題寫
著：「別買這件夾克。」有人可能會認為這個標題只是
這個許多人買不起的高價品牌的噱頭，但更仔細看，我
們可以在細節中找到一些線索，了解巴塔哥尼亞的企業
文化，以及他們為什麼會想出這樣的廣告。

在廣告文案中，巴塔哥尼亞做了多數公司不可能做
的事，他們直接寫出製造他們家產品會造成的環境成
本，以最暢銷的 R2 刷毛外套為例：

製作這件夾克需要一百三十五公升的水，若以
一個人每天需要三杯水計算，可以滿足四十五
人的每日需求。製造過程中，從最初的 60% 再
生聚酯原料，到完成夾克、送到公司位於雷諾

（Reno）的倉庫，總共排放了近二十磅的二氧化碳，等於夾克重量的二十四倍。這件夾克在往雷諾倉庫的運送途中就排放了等同夾克三分之二重量的二氧化碳。

廣告最後說：「可以努力的事還有很多，也還有很多我們可以一起努力的事。別買不需要的東西，買任何東西前都先想一想……加入我們……重新想像一個世界，在這個世界，我們只取用自然可以更新再生的資源。」

「我們這麼做是出於內疚，」巴塔哥尼亞創辦人喬伊納德（Yvon Chouinard）說，「我們都知道我們必須減少消費。」其他公司可能會運用委婉措辭來撇清或掩蓋自己行為的影響，但巴塔哥尼亞完全承擔起自己在因果關係鏈中的角色，不鑽漏洞也不找藉口，防堵了任何可能導致道德褪色的機會。他們對內和對大眾都無比誠實，完全公開公司的行為對世界的影響，無論好壞。他們知道，想在無限賽局中生存和成長，這樣的誠實是必要的。他們沒有把自己描繪成體制的受害者，而是表明自己也是體制中的一員……而且他們正在努力改變。換成邁蘭藥廠，他們會在《紐約時報》登廣告，表明

公司就是在剝削嚴重過敏患者的權益，讓 EpiPens 漲價 500％，然後聲稱這樣做是為了突顯製藥業不道德、濫用法律的現狀嗎？

　　對任何醜聞或道德褪色案例的事後研究幾乎都指向管理的失敗。邁蘭和富國銀行等企業幾乎注定會碰到道德褪色的問題。奉行傅利曼的思維，這些領導者認為業績才是目標，他們的獎勵機制也強化了這種想法，因此他們把短期財務表現放在信念之前（如果他們有信念的話），把資源放在意志之前，且為了達到他們設定的優先要務，甚至可以犧牲文化。

　　巴塔哥尼亞就像其他無限思維組織，依據自己的崇高信念來設定優先要務，大家也依信念行動。這不只是關於今年可以賺多少錢，巴塔哥尼亞人資副總裁卡特（Dean Carter）表示：「我們希望公司可以活到下一個百年，我們考慮的是長期的結果。」巴塔哥尼亞以無限思維在經營公司，他們的目的不是打贏或擊敗任何人，他們的動力來自於對未來的願景，生產高品質的產品，同時將對環境的傷害降至最低，並且「從企業的角色啟發和推動環境危機的解方。」

　　巴塔哥尼亞不是完美的公司，他們會犯錯，公司內部仍有員工的個別行為會出現道德瑕疵。巴塔哥尼亞體

認到這點，也了解追求一個崇高的信念是一場不斷自我改進的旅程。對於很多公司而言，「不斷改進」通常表示改進流程和提高效率。對於巴塔哥尼亞和其他無限思維公司，他們同樣強調意志和資源，不斷改進指的是組織的各方面都要持續變好，包括他們的文化和文化運作的標準，這就是他們能保持高道德的原因。巴塔哥尼亞不是追求第一，而是做得更好。

即使標題對有一些人來說不吸引人，「別買這件衣服」的廣告並不是一次性的廣告花招。巴塔哥尼亞堅持一貫的當責、持續改進的做法，正如他們的網站寫的：

巴塔哥尼亞是一個不斷成長的企業，我們希望能長久經營下去。考驗我們的誠意（或證明我們只是偽善）的標準，將是我們的商品是否有用、是否多功能、是否耐用、美觀，但不受限於時尚。我們還在持續努力。

這段文案接著承認，公司的部分產品還未符合這些標準，但是他們接著介紹了「共同衣服倡議」（Common Threads Initiative），希望透過這個計畫可以向目標邁進。這項計畫包括承諾製造可以長期使用的高品質衣

服，因此不必經常更換（減少浪費）；免費維修產品，
這樣大家就不會把東西丟掉（減少浪費）；與eBay合作，
讓大家可以「重複使用」，買賣二手產品（減少浪費）；
當產品到了最終使用期限時，巴塔哥尼亞還會幫你回收
產品，而不是讓我們扔到垃圾桶中（減少浪費）。

　　當某些公司不遺餘力地在找靠鑽漏洞提高業績的方
法，巴塔哥尼亞卻不遺餘力在消除漏洞來提升自己的價
值和信念。例如，過去十年他們一直與致力於改善勞工
處境的非政府組織「真相」（Verité）合作，在他們的
一級供應商、也就是生產產品的工廠中揭發並導正剝削
勞工的問題。巴塔哥尼亞也在 2011 年的內部稽核發現，
儘管他們一直努力建立對社會負責的供應鏈，但有些二
級供應商、也就是把原材料加工為生產所需的布料和其
他零件的工廠，仍然存在違法行為，包括人口販賣和剝
削案件。巴塔哥尼亞會去注意到二級供應商的狀況，甚
至試圖改善狀況，令人佩服。

　　「FLA 公平勞工協會實地抽查國外工廠，幫助公
司改善企業責任，」懷特（Gillian White）在《大西
洋》雜誌（*The Atlantic*）的文章中寫道：「但就連 FLA
也只要求品牌企業對一級供應商進行稽核、監控和報
告，因為在這些工廠販賣人口的問題更容易被發現和處

理。」解決勞動剝削是艱難且複雜的工作，需要投入大量時間和資源。多數公司都等到發生問題，例如影響企業形象或是事關法律問題時才被迫處理。巴塔哥尼亞則是主動承諾和投資，儘管他們可能永遠無法完全解決問題，但他們願意繼續努力，這就是不斷改進和依道德行事的意義。這也正是崇高信念的定義：我們可能永遠無法達到想像中的願景，但我們會一直努力下去。信念為我們的工作賦予了使命和意義，鼓勵我們繼續為良善的目標奮鬥下去。

有限思維公司可能會擔心這種做法成本過高、會損害獲利、失去客戶或破壞聲譽（現在很少公司願意主動承認自己做錯事）。巴塔哥尼亞不擔心這些，也不害怕跑在前面、冒大的風險。當然，該公司有一項龐大優勢，他們也大方承認，巴塔哥尼亞仍是私人公司。「上市公司要為了那些只關心公司財務表現的投資人負責，每一季獲利都要成長，這樣的壓力非同小可，」人資副總裁卡特說：「所以當我們的目標是發揮更大影響力時，做為私人公司確實有幫助。」

巴塔哥尼亞是經過認證的 B 型企業，也就是實踐「利害關係人資本主義」的公司，但它不是慈善機構，他們是營利組織，也希望今年賺的錢比去年多，但他們

知道賺錢不是他們存在的理由。與所有優秀的無限思維企業一樣，他們把錢視為繼續追求崇高信念所需的燃料。為了獲得 B 型企業認證，公司必須在內部找到最能照顧社會和環境的價值觀，然後依這些價值觀行動，對員工、顧客、供應商和社區負責，也對投資人的回報負責。巴塔哥尼亞知道，他們的事業愈成功，就愈能堅持高標準，也更能對世界產生正面影響。他們知道從長遠來看，如果他們繼續追求崇高信念、持續防範道德褪色，就能吸引並帶領那些與他們志同道合的人，公司也能不斷成長。

　　道德判斷不是根據短期內怎麼做最好，而是根據「怎麼做才是正確的」。以犧牲道德為代價的短期主義會慢慢削弱一家公司，而「做正確的事」則會慢慢強化一家公司。巴塔哥尼亞盡力做對的事，把人和地球放在獲利之上，為公司贏得忠誠度極高的員工和顧客，加上他們在市場上建立的良好形象和信任，巴塔哥尼亞已成為同類品牌中最成功、最創新和獲利表現最佳的一家公司。在過去十年，公司營收成長四倍，獲利則成長三倍。就如同巴塔哥尼亞執行長馬卡里奧（Rose Marcario）說的：「做對地球好的事，就能創造新的市場，也才能創造更多獲利。」（注意到她提出的順序了嗎？）

　　「就目前能預見的未來，」巴塔哥尼亞環境事務副總裁李奇威（Rick Ridgeway）表示：「我們會繼續透過產品，幫助大家有意識地選擇服裝，採取更負責的生活方式。只要世界上還有很多人沒這麼做……我們就應該能繼續成長。」不過，李奇威承認：「等成長到一定程度，成長帶來的問題可能比解決方案更多。」如果有一天巴塔哥尼亞真的成長到那種程度，公司會怎麼做，我們還有待觀察。但他們已經在思考並（公開）討論這一天的到來，再次顯示了這家公司的道德感。

　　巴塔哥尼亞以無限思維經營公司，結果不僅創造更能抵禦道德褪色的公司，還在商界樹立了新標準。這並非偶然，營運長佛里曼（Doug Freeman）說：「如果我們做到企業界認可的成功，我們就能成為典範，證明大家真的可以用不一樣的方式做生意。」巴塔哥尼亞的作風不僅對自家公司有利，對賽局也有利……他們的做法也真的有效，現在其他公司也紛紛在學他們的做法。

——— 09 ———

可敬的對手

> 對手是進步最大推手，不必喜歡對方，但不要
> 放過向對方學習、升級自己的機會

　　每次聽到他的名字，我都坐立難安。聽到有人稱讚他，我就會很忌妒。我知道他是好人，總是很和善。我很敬佩他的工作，在專業場合碰面他也總是對我很親切。我們做同樣的工作，都在寫書和發表對世界的看法。雖然很多人都在做這件事，但我就是很在意他，我想贏過他。我會定期去查暢銷榜，看我的書賣得怎樣，然後跟他的排名比。我不會跟其他人比，只有跟他比。如果我的書排行比較前面，我會露出得意的笑容，覺得自己更厲害。如果他的名次比較前面，我會眉頭深鎖，

煩惱不已。他是我的主要競爭對手，我想贏他。

　　然後事情發生了。

　　我們受邀同台演講。我們之前就在同場活動演講過，但這是第一次同時在台上發言。以前我可能在會議的第一天演講，他會在第二天演講。但這一次，我們同時上台，坐在一起接受採訪。採訪者覺得讓我們互相介紹彼此應該會很「有趣」。由我先介紹。

　　我看看他，看看觀眾，再回頭看看他，我說：「你讓我非常沒安全感，因為你所有的優點都是我的缺點。你可以把我做得很辛苦的事情做得很好。」觀眾都笑了。他看著我，也回答：「我也有這種不安全感。」他接著指出我的一些長處，說那些也是他希望自己能改進的地方。

　　那一刻我明白了自己為什麼那麼愛跟這個人競爭。我看待他的方式跟他本人無關，問題出在我自己。他的名字出現時，就會讓我想起自己不擅長的事。與其把精力用在改善自己、克服自己的弱點或發展自己的優勢，不如把精神放在怎麼打敗他。這就是競爭的道理，對吧？競爭就是一種要獲勝的動力。問題是，誰領先和誰落後，所有評量指標都是可以隨意設定的標準。而且，這場競賽也沒有終點線，所以我在玩的是無法取勝的比

賽，我陷入了典型的有限思維陷阱。事實是，即使我們都在做類似的事情，他也不是競爭者，他是我的對手，是我可敬的對手。

　　曾經看過或玩過遊戲和運動比賽的人，對於一個人或一支隊伍擊敗另一方，獲得頭銜或獎勵的有限競爭都不陌生。事實上，對我們多數人來說，這種概念已經深植我們的思考模式，所以每當場上出現其他玩家，無論比賽的性質如何，我們都會自動採取「我們」對抗「他們」的態度。但如果我們是參與無限賽局的玩家，就不該再把其他玩家視為要擊敗的競爭者，應該開始把他們看作可以幫助自己成為更好玩家的可敬對手。

無限賽局，大家可以同時出色

　　可敬的對手是另一名值得比較的玩家。可敬的對手可能在業內或其他產業，他們可能是我們的死對頭，有時是我們的合作夥伴或同事。這些玩家採取有限或無限的思維都不重要，重點是我們是以無限思維來參與賽局。無論他們是誰，也不管我們在哪裡發現他們，只要他們做的（某件事或很多事）和我們一樣好甚至是比我

們更好，可能是做出更優秀的產品，擁有更高的忠誠度，管理更出色，或有更清晰的使命。我們不需要欣賞他們的一切，也不需要同意他們的觀點，甚至不需要喜歡他們。我們只需承認他們身上有值得我們學習的能力與優勢。

我們可以選擇自己的可敬對手，但也要好好慎選，挑自己時常超越的玩家，只是為了讓自己有優越感，對我們的成長毫無價值。他們不一定是最強的玩家，也不一定是排名前幾的資深玩家。我們選擇他們當可敬的對手，是因為他們身上有某些特質，可以讓我們看到自己的弱點，並促使我們不斷改進……如果我們想變得夠強大，能一直留在賽局中，這是絕對必要的。

從 1970 年代中期到 1980 年代，艾芙特（Chris Evert Lloyd）和娜拉提洛娃（Martina Navratilova）是女子網壇的兩位霸主。儘管她們在球場上相遇時都是競爭對手，各自都想求勝，但她們對彼此的尊重讓她們都成為更強的選手。

談到娜拉提洛娃時，艾芙特曾溫柔地說：「我很感激她身為對手為我做的一切，她提升了我的實力。我想她也感謝我為她做的一切。」例如，娜拉提洛娃讓艾芙特不得不改變球風，她不能再靠底線防守，必須成為更

具攻擊力的球員。這就是可敬的對手的力量，他們以別人很難做到的方式鞭策我們，我們自己的教練可能也做不到。以艾芙特和娜拉提洛娃為例，她們把自己的比賽和網球這項運動都提升到新的境界。

　　這種微妙的思維轉變，會大大影響我們決策和安排資源的優先順序。**傳統競爭思維讓我們採取要獲勝的態度，可敬的對手則啟發我們採取改進的態度。**前者讓我們的注意力集中在結果，後者則讓我們的注意力集中在過程。簡單的觀點轉變，就能立即改變我們看待自己的方式。專注於過程與不斷改進，也有助於發現新能力、讓組織更有韌性。反之，**過分專注於擊敗對手，久而久之不僅會疲乏，還會扼殺創新。**

　　把領域中的強勁對手視為可敬的對手，也有助於我們保持誠實。就好像跑者過分執著勝利時，會忘記規則和道德，或是他們跑步的初衷。他們可能會把時間和精力花在貶低跑得比他們更快的人，甚至會耍手段絆倒對手。他們也可能會為了增加優勢而服用禁藥。這些招數都可以增加他們贏得比賽的機會，卻無法幫助他們在比賽之外成功。最終，手段用盡時，他們還是跑得比較慢、實力沒有進步。

　　當我們把其他玩家視為可敬的對手，就會消除不惜

代價都要贏的壓力，我們也自然不會需要採取不道德或違法的手段，因為維護我們的價值觀比分數更重要，這會激勵我們更誠實，那些選擇做正確的事、而不是只想著怎樣能成功的組織或政治人物，就是很好的例子。

至於我可敬的對手，當我把格蘭特（Adam Grant）當成競爭對手時，對我並沒有幫助，反而助長了我的有限思維。當時我更關心比較，而不是推動自己的信念。我花太多時間和精力擔心他在做什麼，而不是努力把自己在做的事情做得更好。

從那天開始，在我學會改變思維後，我不再比較自己的書與格蘭特（或任何人）的書的排名。我的思維從對他的不安全感轉成與他合作，一起推動我們共同的信念。我們成為摯友（格蘭特甚至熱心地協助校對本書，讓這本書變得更好）。聽到他的名字，或看到他表現很好時，我打從心底感到高興。我希望他的想法可以傳播出去。我推薦每一位拿起這本書的讀者，也去閱讀格蘭特的《給予》（*Give and Take*）和《反叛，改變世界的力量》（*Originals*），不管是否在商管領域，這兩本書都是必讀。

有趣的是，在無限賽局中，我們可以一起成功。事實證明，大家原來可以買不只一本書！無限思維擁抱豐

盛，有限思維則強調資源稀缺。在無限賽局中，我們發現追求「當第一」完全是徒勞無功，多位玩家可以同時出色。

福特執行長開的是 Lexus

　　穆拉利在 2006 年離開波音公司，到陷入困境的福特擔任執行長時，開啟了一趟汽車史上最偉大的谷底翻身之旅。在宣布接任執行長的正式記者會上，穆拉利接受記者提問。有一位記者問他開什麼車。「Lexus，」穆拉利回答，「那是世界上最好的車。」福特新任執行長居然承認，他開豐田的車，而且說比福特製造的車都要好！對某些人來說，這是一種褻瀆。但對於穆拉利來說，他喜歡說實話，所以即使聽起來不舒服，這也是誠實的回應。

　　在穆拉利接管公司之前的十五年間，福特已經失去 25％ 的市占率，現在正走向破產。穆拉利需要能扭轉局面的策略，但首先他想盡可能了解公司的情況。他想了解的是資產負債表之外，福特真實的健康狀況。他發現的其中一個情況是，消費者對這個品牌不滿意。福特汽

車（至少在美國）以設計呆板、品質靠不住又耗油而聞名，也許這就是人們不選擇福特汽車的部分原因。

　　長久以來，包括福特在內的底特律汽車公司都把市占率做為主要指標。但是穆拉利知道，世界上最賺錢的幾家汽車公司，規模並不大。他很快就明白，衝市占率並不符合福特的長遠利益，雖然可以透過促銷和削減成本做到（這正是穆拉利剛到福特時，公司向他提出的拯救計畫），但這種策略只能用幾年。「我們不會追逐市占率，」穆拉利說：「我們不會生產不被需要的車，然後仰賴折扣，讓情況變得更糟。」福特如果想留在賽局中，就必須改變玩法，這代表公司必須重新學習製造出人們真正想要開的汽車。

　　穆拉利上任後做的第一件事，就是每天晚上開不同款的福特汽車回家。試過公司生產的每款汽車後，他要求開豐田 Camry 回家。唯一的問題是，福特沒有 Camry。福特通常會買其他廠牌的汽車讓工程師拆解研究車子的製造方式，但是沒有一輛可以實際駕駛的車。想一想，一家拼命想賣車的汽車公司高階主管，都不知道別家的車開起來是什麼感覺。如果買主都會試駕各種品牌的車，福特的主管不該知道消費者試駕的車開起來怎麼樣嗎？穆拉利買下其他品牌的全系列車款，並指示

公司高階主管都要駕駛看看。

穆拉利說 Lexus 是世界上最好開的車，並不是想讓福特的人難堪，他給了福特一個可敬的對手。他相信要拯救福特，他們就要誠實面對自己產品和流程的現狀，以及向其他玩家虛心學習。就像穆拉利所說，豐田「〔製造〕人們想要產品……，而且他們所用的資源和時間，都比世界上任何汽車公司更少。」豐田可以作為福特提高自家汽車品質及製程的參考基準。如果他們能夠做到，就能開始獲利。穆拉利研究其他汽車製造商不只是想複製或是賣得比他們好，而是向他們學習。「我從來沒想要擊敗通用汽車或克萊斯勒，」穆拉利說，「我們一直專注於自己的信念，把競爭對手當作參考基準，從中洞察我們在哪些方面可以持續改進。」

不斷改進流程能幫助他們做更好的產品，有助於他們繼續推動亨利·福特最初的崇高信念：為所有人提供安全高效的交通工具，所有人都能開上高速公路。亨利·福特的信念也成為公司其他決策的參考，例如，穆拉利賣掉了 Jaguar、Land Rover 和 Volvo 等品牌。福特最初併購這些品牌是為了能打進最多的汽車類別，但穆拉利認為這會讓公司偏離創始初衷。

然後，2008 年股市崩盤，美國汽車業受創尤其慘

重。如果沒有政府紓困，通用汽車和克萊斯勒都會面臨破產。幸好穆拉利在 2006 年就為了改造福特向銀行貸款了近二百四十億美元，加上公司在營運和產品上持續改進，福特在沒有任何政府紓困下順利度過這段難關。穆拉利出席國會討論紓困汽車業者時，大可要求政府不要貸款給通用汽車或克萊斯勒。如果是把其他玩家都視為競爭對手的執行長，應該會樂於看到同業破產，讓福特成為唯一存活下來的美國大型汽車公司。但這樣算贏嗎？

　　穆拉利視其他汽車公司為可敬的對手，所以他贊成紓困計畫。他知道這些公司繼續存在，可以幫助福特進步。他也知道福特的對手是更大的生態系統的一份子。如果他們破產，許多供應商也會跟著破產，最後也可能摧毀福特。因此穆拉利擬定計畫，幫助許多汽車供應商度過難關。不幸的是，通用汽車和克萊斯勒的領導者在困境中仍抱持有限思維，他們拒絕了福特提出的產業救援計畫。相較之下，本田、豐田和日產都與福特合作，幫助他們同樣依賴的主要供應商能維持營運。無限思維的玩家明白，要生存下去，最好的選擇就是讓賽局進行下去，這也是所有無限思維領導者的終極目標。

IBM 是海軍，蘋果想成為海盜

　　1980 年代初期，電腦革命的浪潮方興未艾。對於蘋果這家引領革命的公司而言，對手真正的價值不只是幫助自己改進產品，蘋果的可敬對手幫助他們更清楚自己的信念、凝聚了粉絲。對手的存在提醒了公司內外的每個人，蘋果代表的意義與初衷，「他們是海軍，我們是海盜。」

　　1970 年代，IBM 是大型電腦市場龍頭，提供企業運算能力強大、通常會佔據整間房間的巨型電腦。IBM 不想開發他們以前口中的「微型電腦」，認為這種電腦運算能力無法滿足企業需求。IBM 認為個人電腦進不了辦公室。

　　一切都在 1981 年改變。看到個人電腦先驅康懋達（Commodore）、坦迪（Tandy）和蘋果把產品推向企業，開始做得有聲有色，IBM 態度改變了。IBM 資金充裕，能投入大量資金開發自己的個人電腦。他們開出天價薪水從蘋果等其他公司挖走一群業界最頂尖聰明的工程師。在短短十二個月內，IBM 就向全世界推出了 IBM PC。

　　在 IBM 出現之前，蘋果在個人電腦市場市占最高，

表示 IBM 進入市場後損失最多的會是蘋果。有限思維玩家可能會感到驚慌失措，但像蘋果這樣的無限思維玩家卻恰恰相反。1981 年 8 月，IBM PC 發表的同一個月，蘋果在《華爾街日報》上登出全版廣告，標題是：「歡迎你，IBM。說真的。」這篇廣告告訴了我們蘋果是如何看待這位新加入的玩家──不是競爭者，而是可敬的對手。

「歡迎來到三十五年前電腦革命以來，最令人振奮、最重要的市場。」廣告的開場白寫道，接著繼續說：「把真正的電腦功能交到個人手中，已經改善了人們工作、思考、學習、交流和消磨時間的方式。在未來十年，個人電腦的成長將繼續以數量級的速度躍進。在把這項美國技術推廣到全世界的同時，我們期待負責任的競爭。我們感謝你們的加入，因為我們正在做的，是透過提高個人生產力來增加社會資本。」蘋果在給新對手的信上簽下：「歡迎加入任務。」蘋果正試圖推動崇高的信念，而 IBM 也將幫助他們。

IBM 接受了挑戰。IBM 憑著在商用電腦市場的主導地位，能夠把新的個人電腦賣到大企業裡。IBM 這個親切的「藍色巨人」成為所有負責買個人電腦的採購主管最安全的選擇，當時甚至流傳這樣的說法：「沒有

人會因為買 IBM 被炒魷魚。」

　　為了進一步發展業務，IBM 允許其他電腦公司「複製」或在自家產品使用 IBM 作業系統。蘋果拒絕效仿這個做法，想要使用蘋果的作業系統就必須購買蘋果的電腦。由於蘋果的作業系統無法複製，而且開發另一個給大眾市場的作業系統成本極高，因此多數電腦製造商都購買 IBM 作業系統的許可權，並生產與 IBM 相容的產品。PC 就此成為商界甚至其他領域的業界標準。

　　IBM 幫助蘋果把個人電腦變成所有辦公桌上的必需品和每個家庭中的基本配備，但 IBM 為蘋果所做的遠不止這些。IBM 的存在幫助蘋果以更清晰、更有說服力的方式來傳達自己是誰。崇高的信念存在於我們的想像中，但是公司和產品是看得見的真實存在。對於具有明確信念的個人或組織而言，他們本身就可以成為自己願景的有形象徵。對於我們來說，跟隨一個真實的公司或領導者，比跟隨抽象的信念容易。當我們可以指出另一種選擇的具體代表時，就更容易為我們的「信念」找到具說服力的敘述。

　　「他們是海軍，很正統，主攻企業。」蘋果一位早期員工庫奇（John Couch）這樣描述 IBM，「我們想成為海盜，幫助個人發揮創造力。」就像共和黨和民主黨、

蘇聯和美國，IBM 和蘋果各自象徵著兩種意識形態，尋找各自的追隨者。IBM 代表商業、穩定和一致性；蘋果代表個性、創造力和跳脫框架的思考。透過宣傳這樣的反差，蘋果的角色從領導個人電腦革命，轉變為帶領一群志趣相同的革命者。

　　根據我們平常用來衡量電腦品質的指標，例如價格、速度和記憶體容量，IBM PC 和蘋果電腦都不相上下。事實上，與 IBM 相容的電腦通常還便宜不少。當競爭對手幾乎總是在比較產品的功能，蘋果卻選擇在更高的層次上與 IBM 交手。**競爭對手爭奪的是客戶，對手則是在尋找各自的信徒。**對於蘋果的信徒來說，IBM 屬於過去，蘋果才是未來。而對於 IBM 的忠實顧客來說，蘋果是創意咖的玩具，IBM 才夠工作上使用、才夠體面。這已經超出產品功能的比較了，這是一場信仰的賽局。

BlackBerry 盲目複製對手，陷入困境

　　蘋果對 IBM 進入個人電腦市場的回應方式，與一般情況完全相反。當這麼強大的新勢力進入市場，現有

的公司通常會慌張。他們往往會忘記自己的願景，開始就產品功能或其他指標來與新玩家競爭。就算這些公司以前沒有掉入有限思維陷阱，把新進者視為競爭對手而非可敬的對手，很快也會陷入有限思維的泥沼，這正是加拿大手機公司 BlackBerry 的遭遇。

IBM 殺進蘋果所在的市場過了二十五年，蘋果也對 BlackBerry 做了同樣的事情。當年，蘋果選擇把 IBM 視為可敬的對手，幫助自己建立更明確的品牌精神，但 BlackBerry 卻選擇把蘋果視為必須擊敗的競爭對手，而他們也為這個有限的決定付出了慘痛代價。

iPhone 推出之前，BlackBerry 是全球第二大手機作業系統。黑莓機性能好、耐用又可靠，成為政府和許多企業的首選。BlackBerry 穩坐商務市場，甚至在 2007 年蘋果推出 iPhone 之後，黑莓機仍在 2009 年創下 20% 手機市占率的新紀錄。但隨著 iPhone 愈來愈受歡迎，BlackBerry 開始慌了。

BlackBerry 的領導人本來可以選擇像蘋果數十年前應對 IBM 那樣，用蘋果來襯托他們的信念。他們本可以強調自己的價值，也就是滿足企業和政府對安全和可靠的需求，但 BlackBerry 沒有這樣做。相反地，BlackBerry 試圖靠複製來應對愈來愈流行的 iPhone。他

們開始在現有的黑莓機上提供應用程式和遊戲，大大降低了黑莓機的工作性能。然後他們甚至放棄了最具品牌辨識度的 QWERTY 鍵盤，改導入觸控螢幕。新的黑莓機不像 iPhone 那樣好用，而且耐用度遠不如 BlackBerry 自家的其他機種。

可悲的是，這種劇情很常見。記得嗎，顛覆通常是有限思維的結果。有限思維領導者常常錯失利用顛覆來強調信念的機會，相反地，他們繼續死守有限思維，開始一味複製其他玩家在做的事，希望這樣會有用。在 BlackBerry 的案例中，複製的做法行不通。BlackBerry 放棄了成為信念領導者的機會，選擇成為產品的追隨者。他們執著於擊敗蘋果，迷失了自己的願景，忘記了初衷。

在很短的時間內，BlackBerry 就進入陡峭而穩定的衰退，2013 年 BlackBerry 的市占率只剩不到 1％，在短短四年內爆跌近 99％。從市場主導者到無足輕重的玩家，今天的 BlackBerry 已不是任何玩家的可敬對手了。

IBM 多年來一直是蘋果可敬的對手。隨著電腦普及和市場改變，IBM 退出個人電腦賽局。然而，失去對手並不代表蘋果贏了。他們很快找到新的可敬對手，微軟成為安全、穩定、企業思維的新象徵（你還記得《I'm a Mac, I'm a PC》這個系列廣告嗎？）。和 IBM 一樣，當微軟的信念也開始變得模糊，不再像過去那樣與蘋果代表對比的信念時，蘋果現在的可敬對手是誰？

也許蘋果新的可敬對手是 Google 和 Facebook。Google 和 Facebook 是現代的網路老大哥，時時刻刻在監控我們的一舉一動，把資料賣給那些想投放廣告的公司（能讓 Google 和 Facebook 賺更多的錢），這種做法已經成為新的「業界標準」。蘋果似乎仍在為個人權利而戰，並持續挑戰現狀。蘋果已成為大聲捍衛個人隱私的倡導者。與競爭對手不同，他們決定不以販售收集到的資料來增加收入。蘋果也站出來反對政府取得我們的私人簡訊。即使周圍的世界不斷變化，但四十多年來，蘋果一直在尋找可敬的對手，能幫助他們專注於根本信念的可敬對手。

信念盲目

我有一個朋友非常專注自己的信念，彷彿忘記除了她自己的觀點，世界上還有其他的觀點。不幸的是，我的朋友把任何持不同意見的人都貼上錯誤、愚蠢或不道

德的標籤。我的朋友有「信念盲目」的毛病。

　　信念盲目是指沉迷於自己的信念，或沉迷於另一個玩家信念中的「錯誤」，而無法看見別人的優勢，或自己的缺點。我們錯以為，只要是自己不同意、不喜歡，或是在道德上令人厭惡的人，就不值得比較，我們看不到這些人其實比自己更有效率或做得更好，而我們可以向他們學習。

　　信念盲目會削弱謙卑，放大傲慢，進而阻礙創新並降低我們長期在賽局中生存所需的靈活度。因為無法誠實、有效地不斷改進，我們最終很可能會一再重蹈覆轍，或是完全沒進步。此外，傲慢也可能增加其他玩家利用我們弱點的機會，這些情形都會消耗我們在賽局中需要的意志和資源。每當我試圖告訴我的朋友，她認為很卑鄙的玩家其實在某些事情上很優秀、值得她給予尊重時，她就會嘲笑我、認為我這個叛徒竟敢讚美她的競爭對手。

　　雖然承認別的玩家是自己的可敬對手可能很難，特別是當我們不認同對方時，但這樣做是讓自己進步的最佳方法。「審問過愈多人，我愈明白成功的罪犯其實也是優秀的犯罪側寫師，」FBI 聯邦調查局退休探員、犯罪剖繪先驅道格拉斯（John Douglas）解釋。道格拉斯

明白，儘管我們都覺得連續殺人犯毫無良知，要抓到他們最好的辦法就是先承認他們非常擅長做 FBI 在做的事……這代表 FBI 必須做得更好才行。可敬的對手，也就是這些善於躲避 FBI 的罪犯，促使 FBI 必須不斷改進自己的偵辦技術。

擁有值得較勁的可敬對手，不代表對手擁有良心、道德或利益他人的信念，只代表他們在某些方面表現很出色，讓我們知道自己還可以改進的地方。他們迎戰賽局的方式可以挑戰、啟發，或迫使我們改進。選擇誰當自己可敬的對手，完全由我們決定，而在無限賽局中最好的做法，就是保持選項開放。

對手出局，不等於你贏了比賽

柏林圍牆倒塌後不久，美國就犯了二十世紀最大的一次外交政策失誤。美國宣布「贏得」冷戰。但事實當然不是如此。寫到這裡，我們應該都會背了：無限賽局中，沒有贏這回事。無論在商場或國際政治都是如此，美國沒有贏得冷戰，是蘇聯耗盡了意志和資源，退出了賽局。

　　冷戰符合無限賽局的所有標準。與有限的戰爭不同，有限戰爭有約定成俗的規則，容易清楚識別的兩方陣營，以及宣告戰爭結束的明確指標（例如搶奪土地或其他容易衡量的有限目標）。冷戰則完全相反，往往是由代理玩家進行，沒有基本規則，也沒有明確的指標可以讓各方知道戰爭結束。

　　雖然美國和西方國家都說要「擊敗」蘇聯和「贏得」冷戰，但除非發生全面核戰（雙方都不願發生），幾乎沒有人能想像或預測到底什麼狀態才叫做勝利。冷戰的最終也沒有以簽訂條約作為結束，雙方都繼續玩下去，不斷試圖更勝一籌，雙方都不知道未來會如何。所以 1989 年柏林圍牆倒塌，是雙方都沒有預料到的事。

　　跟商場一樣，時代會變，玩家也在變。在商場，一家大公司破產並不等於賽局就結束，也沒有哪家公司成為贏家，留下來的玩家都知道，馬上會有其他公司崛起，也會有新的公司加入戰局。

　　當我們最重要的可敬對手、這個最能刺激我們進步的對手出局時，並不代表馬上就會有板凳替補上陣，立刻加入賽局，我們可能需要等幾年才會再次找到新的可敬對手。無限賽局中的資深玩家深知這一點，所以碰到失去主要對手時會保持謙虛謹慎，不掉進傲慢或有限思

維的陷阱，他們知道新玩家遲早會出現。在無限賽局中，耐心是一種美德。然而，美國卻沒有如此行動。

蘇聯出局後，美國陷入信念盲目，以為自己所向無敵，也以這樣的姿態行動，表現得像勝利者。即使是出於善意，美國開始把自己的意志強行加諸在全世界，就這樣恣意行事了約十一年。例如，美國開始自詡為世界警察，派兵到前南斯拉夫，並在主權國家上空強行設立禁飛區。如果蘇聯還在，這些行動即使不是不可能，也很難做到。沒有辨識出可敬的對手，比較強大的玩家會開始誤以為自己可以控制賽局的走向或其他玩家，但這是不可能的。無限賽局就像股市，公司會上市或下市，但沒有人能控制市場。

表現很強的玩家可以靠著大量的金錢和優勢，暫時忽略自己的弱點，但無法永遠如此。例如，成長快速的公司擁有強大的產品、行銷能力和好看的財報，卻很容易忽略領導力與企業文化的培養，這可能會成為未來困擾他們的隱憂。

團購網站酷朋（Groupon）正是一例，商界媒體稱讚他們的產品創新和成長速度，但酷朋的領導者忽略了他們的員工。當成長趨緩，其他公司做出與他們旗鼓相當的產品時，這就成為他們的致命弱點。Uber 是另一

個例子，他們開創了共乘技術，但公司陷入困境並不是因為產品失敗，而是因為忽視企業文化的重要性。科斯羅沙希（Dara Khosrowshahi）於 2017 年接替卡蘭尼克（Travis Kalanick）成為執行長時，目的就是要重新修復公司的文化。

美國本應尋找新的可敬對手，為冷戰的下一階段做準備。國家領導人本來可以把眼光放遠，超越軍事和經濟優勢，聚焦他們多年來忽視的一些弱點上，但事實並非如此。美國繼續依賴在冷戰年代發展和精進的玩法，沒能看到新對手的崛起，他們的目標就是要制衡美國的行動和野心。

冷戰 2.0：少了對手的危機

有三個衝突點在支配冷戰——核武、意識形態和經濟。這些正巧與《獨立宣言》中的生命權、自由權和追求幸福的權利重疊。對美國和所有國家來說，這些權利都攸關生死，是值得承擔重責、值得付出代價來捍衛的東西。

在冷戰期間，所有衝突點剛好都集中在單一對手身

上，也就是蘇聯。美蘇兩國各自擁有的核武數量，比其他所有核武國家的總和還要多一個數量級。兩國都是意識形態的輸出者，在尋找自己的信徒和盟友。美國傳播民主和資本主義的福音，而蘇聯則是共產主義的傳教士。從二次世界大戰結束到柏林圍牆倒塌，即整個冷戰期間，美蘇兩國也是世界上最大的兩個經濟體。

擁有一個主要的可敬對手具有龐大的優勢，可以針對單一焦點制定戰略、分配資源和協調內部派系的注意力。例如，有很多研究顯示 2001 年九一一事件之後，美國情報部門之間缺乏合作。這並不是新問題，這些機構一直壁壘分明，互相競爭。不同的是，當美國有明確的可敬對手時，所有機構面對外來壓力時都可以拋開內部歧見，團結起來面對共同的威脅。

由於沒有新的可敬對手，美國許多機構之間陷入不斷的內鬥。共和黨和民主黨曾經一致認同蘇聯對美國的威脅超過兩黨之間的對立，他們總是可以得到明確的共識。現在的情況已經不同，沒有明確的外部可敬對手，兩黨都把對方視為國家存亡的威脅。同時，美國真正的威脅正不斷壯大。

美國把精力集中在內鬥時，沒有發現冷戰還在持續，只是與冷戰不同，在冷戰 2.0 時期，可敬的對手不

是一個，而是很多個。以往來自蘇聯的核武威脅被北韓和其他國家取代，蘇聯的經濟競爭被中國取代（中國的經濟規模即將超越美國），蘇聯代表的意識形態對立被打著宗教旗幟的極端主義分子取代。此外，俄羅斯仍盡可能地在所有三項衝突點上試探美國的決心。

　　就像在商場，新玩家出現必然會改變賽局。百視達這家電影出租市場唯一的霸權，沒有意識到 Netflix 等小公司和網路的新興技術已經出現，他們應該重新審視自己的商業模式。亞馬遜出現時，大型出版社仍堅守舊有模式，沒有思考如何在新的數位時代更新和升級自己的商業模式。計程車車行沒有自問：「我們需要做什麼才能與時俱進」，而是選擇控告共乘公司來保護自己的商業模式，沒有學習如何適應和提供更好的載客服務。西爾斯百貨數十年來靠郵寄紙本目錄把規模做大、賺進很多錢，但對於沃爾瑪和電商等大型連鎖零售商店的興起卻適應得太慢。Myspace 這家大公司自認沒有對手，甚至沒看到 Facebook 已經來了。使我們得到今日成就的原因，不會幫助我們取得未來的成就，知道自己的可敬對手是誰，是幫助我們改進和適應的最佳方法，否則就來不及了。

　　少了可敬的對手，我們就有可能失去謙卑和敏捷。

沒有可敬的對手，曾經叱吒風雲、懷抱崇高信念的無限玩家，很可能不知不覺變成另一個只想獲勝的有限玩家。曾經為了他人利益、為了信念而戰的組織，如果沒有可敬的對手，更可能變成只為自己的利益而戰。當傲慢的思維漸漸出現，組織的弱點將很快顯現，也會變得過於僵化，失去留在賽局中所需的彈性。

── 10 ──

攸關存亡的應變

<blockquote>
迪士尼樂園、蘋果麥金塔的成功,都來自關鍵
時刻推翻自己、顛覆現狀的決策力
</blockquote>

　　有人說他瘋了,因為他開始變現資產,賣掉房產。他拿自己的保單去貸款,甚至把掛著自己名字的公司給了別人。公司經營得有聲有色,為什麼現在要轉換跑道、冒這種險? 1952 年,這正是迪士尼(Walt Disney)在做的事。他沒有發瘋,這是迪士尼攸關存亡的應變。

　　華特‧迪士尼習慣冒險和嘗試新事物,他是新興的動畫領域的年輕動畫師,不斷在創新。他最早開始製作真人與動畫角色互動的短片。1928 年,他在動畫經典

《汽船威利號》（*Steamboat Willie*）中率先做出聲音與
畫面同步的動畫。迪士尼沒有滿足於暖場娛樂性質的動
畫短片，開始著手製作可以比擬現實的動畫，一部可以
激發人類情感的動畫。1937 年，他發行了史上第一部長
篇動畫電影《白雪公主》，這是世人前所未見的作品。
迪士尼作品的演變並不是單純為了實驗，也不是為了致
富或成名。迪士尼的每一步嘗試都在推動自己的崇高信
念，希望邀請觀眾拋開生活中的緊張和壓力，進入他創
作中那個更單純美好的世界。

　　迪士尼信念的種子，在小時候就種下了。四歲時，
他的父親伊利亞斯帶著全家從芝加哥搬到密蘇里州馬塞
琳（Marceline）鄉下的農莊。年輕的迪士尼天天在野外
玩耍，那裡有很多動物，鄉下生活也有大家庭和社區的
支持。正如迪士尼的哥哥羅伊後來敘述的，那裡簡直是
「城市孩子的天堂」，但那個單純美好的童年並沒有持
續多久。伊利亞斯務農的嘗試以失敗告終，搬到馬塞琳
五年之後，全家被迫再次搬家。

　　伊利亞斯在堪薩斯市落腳後，買了一條送報路線，
年紀還小的迪士尼也被分派工作要貼補家用，但家裡的
情況仍愈來愈糟。隨著家裡經濟愈來愈困窘，伊利亞斯
的壓力也愈來愈大……脾氣也愈來愈壞。迪士尼回憶：

「情況嚴重到，只要跟我父親說實話，我就得挨揍。」
幸運的是，農場生活讓迪士尼發現自己的繪畫才能，這
個興趣幫助他從現實生活的苦難中得到解脫。接下來的
日子裡，迪士尼運用自己的藝術天分和想像力，為其他
人提供逃離現實的機會，帶他們體驗兒時在馬塞琳的那
種歡樂。

飛向宇宙，浩瀚無垠

　　迪士尼把人們帶到另一個世界的能力，也為他賺進
大把鈔票。《白雪公主》上映時，除了專業影評與大眾
都給予好評，第一年的票房就超過八百萬美元（相當於
今天的 1.4 億美元）。因為動畫的成功以及獲利，迪士
尼在加州伯班克（Burbank）建了製片廠，並建立前員
工盧斯科（Don Lusk）形容「簡直是天堂」般的企業文
化。為了償還蓋片廠而累積的債務，並提升公司的成長
動能，迪士尼的哥哥、片廠的執行長羅伊希望讓公司上
市。迪士尼反對，他擔心股東會插手公司業務，但最終
仍不敵壓力，公司上市了。

　　隨著公司發展，新挑戰也跟著出現。華特迪士尼製

作公司的文化開始出現階層，例如以前提供給全體員工的福利，現在只提供給特定階級的人。隨著薪資差距擴大，內部的異議也愈來愈多，這是迪士尼第一次與工會對抗。製片廠原本如烏托邦的工作環境逐漸崩潰，加上公司希望迪士尼製作更多成本較低的真人電影，官僚體系也限制了他的創意發揮，種種情況讓迪士尼對未來感到徹底灰心。製片公司陷入有限思維，失去了過去的願景，迪士尼發現公司不再能幫助他推動他的崇高信念。即使感到挫折，迪士尼的願景依然無限，所以他決定賭上一切改變，他辭職了。在《白雪公主》首映十五年後，迪士尼離開公司，踏上新的冒險。

　　1952 年，迪士尼拿著出售房產與其他資產和在華特迪士尼製作公司股份得到的錢，再加上拿自己的保單去貸款，他成立了新公司，以自己名字的首字母縮寫WED 命名，迪士尼著手新的計畫，他相信這個計畫最能推動他的信念：一個人們可以擺脫日常生活的地方。他要建造世界上最快樂的地方，他要蓋迪士尼樂園。

　　當時的遊樂園通常危險又髒亂，放滿了隨機的遊樂設施，迪士尼想打造的遊樂園不一樣，他的樂園會是最安全、最完美的，而且有一個能貫穿整個遊樂園的故事。那裡不會有辛苦或煩惱，也沒有黑暗和危險潛伏在

暗處。在這裡，人們將完全沉浸在完美的幻想世界。迪士尼說：「我最希望迪士尼樂園成為一個快樂的地方，大人和小孩都可以一起體驗生活中最美好的事物、冒險的樂趣，並因此感覺更好。」在這裡，「你可以離開『今日』，進入『往日』和『明日』的世界」。

以往觀眾只能看電影，但在迪士尼樂園他們置身於電影之中。電影是有限的，樂園則可以永遠發展下去。迪士尼說的話完全展現出無限思維：「迪士尼樂園永遠不會完工，我們可以不斷擴展和加入新元素；電影不一樣，一旦拍完、進入後製，一切就決定了，就算還有可以改進的地方我們也沒辦法。我一直想做有生命的、可以不斷成長的作品，我們在迪士尼樂園做到了。」

迪士尼跟許多企業家一樣，投入所有資源來創業。但蓋迪士尼樂園可能是他最大的冒險，因為他沒必要這樣做，他會損失的東西會比第一次創業時多得多，這是無限思維、具有願景的領導者會面臨的困境。一旦發現公司走的路無法繼續推動他的信念，他就會願意賭上一切，重新開始。不是因為看到能賺更多錢的機會而離開，也不是因為事業失敗才離開，而是找到更好的方式來推動他的崇高信念，然後勇敢迎向冒險。

敢於改變的勇氣

攸關存亡的應變，是為了更有效地推動崇高信念，而顛覆現有商業模式或策略路線的能力。無限思維玩家充分理解賽局的不可預測，所以他們有能力做出這樣的改變。有限思維玩家會擔心新的事物或顛覆性改變，無限思維玩家則是樂在其中。信念清晰的無限思維領導者如果發現他們走的路將會限制他們推動信念的能力，他們就會應變。或者，當領導者發現一種新技術，比目前的技術更能幫助他們推動信念，他們也會應變。如果沒有無限的視野，任何策略轉變、甚至是極端的轉變，往往都是出於對現狀的被動回應，或是碰運氣。攸關存亡的應變不一樣，這是主動出擊。

　　許多公司在面對新技術或消費者習慣改變時，為了存活而採取防禦性調整，兩者是完全不同的情況。例如，許多報社和雜誌社推翻原本的商業模式而開始數位化，並不是因為他們找到了推動信念更好的方法，而是因為世界的變化而被迫改變。這種被迫轉型雖然對組織存續很必要，卻很少能啟發員工，也很少能重新點燃大家的熱情，但是攸關存亡的應變做得到。

　　許多新創依靠的是創業家對願景的熱情，而不是推

動願景的實際資源。在公司已經獲得成功時，攸關存亡的應變可以重新激發這股熱情。迪士尼以 WED 公司重新開始時，有一群人也從原公司離開，想跟隨迪士尼一起踏上新的冒險，就像第一次創業那樣。他們願意分擔風險，願意投入時間，也願意不惜代價讓這個新點子成功。他們被迪士尼的熱情感染，等不及再次投入夢寐以求的工作。攸關存亡的應變也重新喚醒迪士尼自己的熱情，「天啊，我愛死這裡了！」他這麼說自己的新公司。

公司剛成立時，不會發生攸關存亡的應變，只有在公司已經成形、正常運作時才會發生。對於持有限思維的觀察者，這是賭上一切，因為領導者放著眼前會賺錢的路不走，居然選擇不確定的新路，這可能會導致公司業績衰退，甚至倒閉。有限思維玩家認為這種冒險不值得，但是對無限思維玩家來說，留在原本的路上風險更大，他們樂於擁抱不確定。無限思維玩家知道，不能靈活應變，將大大限制他們推動信念的能力，他們害怕的是繼續走現在的路，反而可能把組織帶向滅亡。

對於無限思維玩家，應變是為了推動信念，即使這麼做會顛覆現有的商業模式；但有限思維玩家則會為了保護現有商業模式而選擇不要應變，即使這樣會損害到信念。如果公司是領導者推動信念的載體，那麼為了讓

公司能長久經營下去，不管是什麼形式的重大策略轉變，在無限賽局中都極為重要。

收關存亡的應變，比組織日常的各種靈活應變更重大。我們也要區別「新奇事物症候群」（shiny-object syndrome）與收關存亡的應變。世界上有那麼多充滿挫折感的員工，都是因為出於好意、也有願景的老闆總是像貓看到閃亮物體一樣，想追逐他們看到的每一個好主意，總認為「就是這個了！我們必須這樣才能推動願景！」收關存亡的應變，是所有為共同信念努力的人都清楚知道，為什麼必須改變，即使他們可能不喜歡隨之而來的變動和壓力，但大家都同意值得改變，也希望一起改變。相較之下，新奇事物症候群往往會使人既困惑又疲憊，而不是受到鼓舞。

懷抱願景的領導者做出收關存亡的應變時，外界看來會以為他們好像可以預測未來。其實他們無法看到未來，但他們可以清晰看見一個尚不存在的未來，也就是他們的崇高信念，並且不斷尋找有助於邁向這個願景的想法、機會或技術。穆拉利在福特實行的企業計畫檢討會議中，也同時在關注傳統競爭對手以外的公司，討論他們在做的事情。「要隨時關注所有正在發生的事情，並從中學習。」他說。有限思維領導者也在尋找機會，

但他們的目光往往集中在自己的產業、資產負債表或視野可及的範圍；然而懷抱崇高信念的無限思維領導者則是把目光投向產業之外，超越視野可及的範圍，要看到那個地方，需要運用想像力。1980 年代初期，賈伯斯在蘋果做出攸關存亡的應變，就是這種情況。

蘋果攸關存亡的應變

就如上一章提到，蘋果有非常明確的信念，而這個信念的種子早在蘋果公司成立之前就已經種下。公司創辦人賈伯斯和沃茲尼克（Steve Wozniak）在越戰期間的北加州長大，對體制有很深的不信任感。他們喜歡「賦予每個人可以對抗老大哥的力量」這個概念。1970 年代的電腦革命中，兩位年輕企業家認為個人電腦是個人挑戰現狀的完美工具，他們想像著一個新的時代，因為有了個人電腦，一個人也有能力站出來對抗公司，甚至有能力與之競爭。

在推出 Apple I 和 Apple II 之後，蘋果已經非常成功。1979 年 12 月，他們正在研究下一代產品時，賈伯斯和主管們參觀位於加州帕羅奧圖的全錄（Xerox）

PARC 創新研究中心。參觀時，蘋果的主管看到全錄開發的一項新技術，叫做「圖形化使用者界面」（GUI）。GUI 讓人們無需學習 DOS 等電腦語言就可以操作電腦，使用者可以操控「滑鼠」讓螢幕上的「指標」移動，「點擊」位於「桌面」上的「圖示」和「資料夾」。如果蘋果的願景是賦予個人力量，那麼這項創新將能把電腦帶給更多人。

離開全錄 PARC 創新研究中心之後，賈伯斯分享了他的想法。蘋果必須改變路線，投資 GUI。其中一位試圖以理性分析的主管說：「我們不能這麼做。」他提醒賈伯斯，蘋果已經在完全不同的方向上砸下數百萬美元和非常多時間。放棄現有進度、從頭開始打造新產品，會給公司帶來龐大的壓力。據蘋果內部流傳的故事，這位主管接著說：「如果我們投資這個，會毀掉公司。」賈伯斯回答：「我們不先推翻自己，就等著別人來顛覆我們。」

有限思維領導者很難白白放棄既有策略，特別是如果已經投入大量時間或金錢，或是已經承諾的績效獎金。儘管會為公司帶來成本和壓力，但對賈伯斯來說，攸關存亡的應變是蘋果唯一的選擇。引導他決策的是崇高的信念，而不是成本，而蘋果的員工也同意改變。喜

歡在蘋果工作的人喜歡賈伯斯帶領大家去做沒有人做過的事情。

　　就這樣，他們開創了另一條路，在短短四年內，麥金塔電腦問世，這是徹底改變個人電腦運算的作業系統，首次讓個人電腦的操作簡單到幾乎任何人都會使用。微軟被迫跟進，在麥金塔推出近四年後，微軟發布了 Windows 2.0，這是在外觀和操作上都是我們今天熟悉的 Windows 系統的第一個版本，也是為了讓個人電腦用起來像麥金塔一樣的軟體。

柯達最早發明數位相機，卻錯失應變良機

　　「像鉛筆一樣簡單。你按快門，剩下交給我們。」這段廣告台詞幾乎總結了伊士曼的願景，他的公司伊士曼柯達在當時推出了史上第一台給一般大眾的相機。十九世紀末，幾乎只有專業人士和熱衷的業餘愛好者才有辦法攝影，普通人根本無法拍攝自己家人或度假時的照片。當時的設備非常笨重，處理感光板所需的化學劑又有劇毒，攝影既麻煩又昂貴。但伊士曼一心想為大眾把攝影變簡單。他在感光板的塗層已獲得進展，但他真正

的突破是發明了名為賽璐珞（celluloid）的硝化纖維塑料，可以完全取代沉重的感光板。賽璐珞最初被用來製作可固定在假牙上的牙托，我們更熟悉它的現代用途：底片。

　　把攝影帶入大眾的生活，柯達成為世界上最大的公司之一，伊士曼也成為全球富豪。伊士曼於 1932 年去世後，柯達繼續推動他的信念，不斷尋找幫助大眾捕捉回憶更好的方法。1935 年，柯達成功推出第一款大眾化彩色底片，也為彩色電影和彩色家庭影片開了路。柯達還發明了圓形托盤的幻燈片投影機，人們從此可以更輕鬆地分享度假和婚禮照片，以及任何可以強迫朋友和家人坐下來看的照片。1960 年代初期，柯達發明了底片匣，使攝影更加簡單便利。以前覺得把底片繞上底片軸很麻煩的人，現在只需要把底片匣放進相機就可以開始拍攝。1975 年，柯達研發部門開發出了真正了不起的產品：第一台數位相機，但問題來了……

　　儘管對公司來說，數位化很明顯是推動信念的下一步，但數位攝影的發明直接挑戰了公司的商業模式。柯達在照相的每個環節都能賺錢，他們生產相機、底片、閃光燈、處理底片的機器、沖洗底片的化學藥劑，以及列印相片的相紙。公司所有人都知道，新的數位技術會

讓他們目前的業務被淘汰。如果掌舵的是伊士曼或任何無限思維領導者，這不會是問題。無限思維領導者會把新技術視為推動信念更好的方法，並且會找出方法重新塑造公司。可悲的是，公司的高層已經把信念拋到一邊，公司被有限思維主導，他們的決策不再是為了推動信念，而是為了要管控成本和最大化短期財務表現。

　　由於缺乏遠見，柯達的主管第一次看到數位技術的反應是，人們絕不會想在螢幕上看照片。主管告訴工程師，大家喜歡紙本照片，紙本照片沒什麼不好。沙森（Steven Sasson）這位被譽為數位相機發明者的年輕工程師，拼命地想說服主管想像未來二十或三十年的攝影技術。令他失望的是，領導者對於推動信念沒有興趣，也沒有勇氣打破現狀，特別是當現狀運作順利、他們個人也可以拿到很多好處。他們不想讓華爾街不高興，也不想經歷顛覆之後的低谷時期，或為了推動崇高信念而把柯達改造成數位公司。

　　因此，他們放棄了伊士曼的願景，沒有做出攸關存亡的應變，而是決定盡可能隱藏埋沒新技術，直到擋不住的那一天再說。沙森說：「當你與公司某些人談論未來十八到二十年的事情，到時候這些人都早已不在公司了，他們對未來不會太興奮，」沙森繼續說：「每賣出

一台數位相機，就少了一台底片相機的生意，而我們知道賣底片多賺錢。當然，問題是很快你就不能賣底片了，那就是我的立場。」柯達的主管沒有引領數位革命，而是選擇閉上眼睛，搗住耳朵，試圖說服自己一切都會沒事的。我想有一段時間真的沒事，但沒有多久，撐不久的，因為有限的策略永遠不會成功。

如今，數位攝影技術已經出現，柯達預測其他公司大約要花十年才能跟上數位攝影技術，他們的預測正確。在柯達首次發明數位相機後約十年，日本相機公司 Nikon 推出了單眼相機，使用者可以在相機上加裝外接的數位處理器（由柯達製造，因為他們擁有專利）。但在 1988 年，剛好是伊士曼推出第一台大眾化底片相機的整整一百年後，富士（Fuji）這家規模小得多的日本底片公司推出了第一台全數位相機。Nikon 後來與富士合作，一起繼續創新和發展技術。大約十年後，日本電子公司夏普（Sharp）推出了第一款手機。在那之後又過十年，2010 年代中後期，數位相機和內建相機的智慧手機，都已經是主流。

柯達確實擁有許多與數位技術有關的原始專利，他們靠這些專利賺了數十億美元，給人一種公司經營良好的假象。有限思維領導者誤以為看起來很強大資產負債

表等於強大的公司，但並非如此，至少在無限賽局中不是。柯達的專利期限在 2007 年結束時，資金漸漸枯竭，五年後，柯達申請了破產保護。

　　破產往往是一種自殺行為，當我們回顧使一度很成功的公司走向破產的那些決策，會發現一個驚人的傾向，那就是許多領導者都沉迷於有限賽局。他們拋棄了信念，死命堅持以前可能幫助他們成功，但經不起時間考驗的商業模式。多數情況下，並不是「市場狀況改變」或「新技術」或其他常被拿來解釋破產的原因，問題其實是領導者無法做出攸關存亡的應變。如果他們已經放棄了信念，也等於放棄了應變的能力，變成「攸關存亡的僵化」。每個組織在某個時間點都會需要應變。雖然可能不會在某位特定領導者的任期內發生，但領導者的一項職責就是讓組織有應變的能力，為他們自己或繼任者在需要時做好預備。這代表堅持以崇高的信念為指南針，並創造一個高度信任的團隊。

　　2012 年 1 月 19 日，柯達在《紐約時報》上宣布破產，以一句話總結了公司的情況：「擁有一百三十一年歷史的底片先驅伊士曼柯達，多年來一直努力適應逐漸數位化的世界，於週四申請破產保護。」財務長麥考維（Antoinette McCorvey）的聲明顯示了柯達領導者的有

限思維：「自 2008 年以來，儘管柯達盡了最大的努力，然而重組的成本和業務萎縮，持續地損及公司的清償能力。」這家曾經偉大、無限的公司領導者放棄了推動伊士曼崇高信念的這項道德責任，轉而專注在有限的野心上。他們讓市場力量，而不是對願景的熱情決定了公司的未來，而公司、在那裡工作的員工、總部所在的羅徹斯特市，以及柯達的股東都必須付出代價。

如今的柯達已完全失去過往的榮景。在柯達發明數位相機時，公司雇用約十二萬員工，現在只剩約六千人。儘管他們仍在生產底片和所有底片沖洗的相關產品，諷刺的是，這些業務如今只服務一個市場：專業攝影師，這真是最後的致命一擊，柯達已完全背棄了他們的創始信念。

沒有崇高的信念指引，柯達的主管缺乏遠見與勇氣，不知道如何確保公司的長期成功，他們最多只能對環境做出被動反應。伊士曼曾經是發明大眾攝影的人，柯達的員工幾乎都曾經是產業各領域的先鋒。因為有限思維，這家曾經偉大的公司，被自己發明出來的新技術顛覆了。

11

領導的勇氣

> 我們都想為有使命、敢堅持的組織工作，別讓
> 使命流於連自己都不買單的口號

　　總部大廳懸掛著巨大的牌子，上面寫著他們的崇高
信念：幫助人們變得更健康。公司的主管也相信這個信
念，他們認為公司的目標不只是賺錢，希望透過公司來
推動更偉大的事物。他們定期與醫療保健公司、醫院和
醫生舉行會議，討論如何一起幫助患者。但在許多會議
的尾聲，都會有人點出房間裡的大象：「可是你們的店
裡不是在賣香菸嗎？」

　　2014 年 2 月，美國大型連鎖藥房 CVS 保健標誌
（CVS Caremark）宣布，將在所有二千八百多家店內

停售香菸與其他菸草製品。這項決定將使公司每年損失二十億美元的收入。沒有競爭壓力逼著他們這麼做，大眾沒有強烈要求，也沒有醜聞，網路上也沒有人發起號召活動，強迫他們做出這個決定。

消息一出就獲得大眾的熱烈支持，但華爾街和業界名嘴卻不以為然。CNBC財經台金融評論員克瑞莫（Jim Cramer）說：「這在童話世界可能會賺錢，但華爾街不是童話世界。華爾街不會說：『你知道嗎？我要買CVS的股票，因為他們是好公民。』」克瑞莫接著說：「我算算他們的每股盈餘，CVS的每股盈餘變差了。」

其他評論家也同意克瑞莫的分析，並認為這個決定會助長CVS競爭對手的業績。伊利諾州的一位行銷顧問指出，CVS每家店每週原本的七百包香菸銷售，將轉到別家零售商，並補充說：「零售商都知道，成年香菸消費者到店裡買香菸時也會帶動其他商品的銷售量。」從有限和無限賽局的角度來看，這些對CVS決策的反應，是極度的有限思維。如果商業競賽是有限賽局，如果未來很容易預測，名嘴說的就百分之百正確。然而事實證明，商業競賽是無限的，未來也不可預測。

事實上，CVS每家店每週的七百包香菸銷量不但沒有流向其他商店，那些香菸哪都沒去，香菸的總銷量

居然下降了。CVS 委託一項獨立研究，想了解停售香菸的影響，結果顯示，在 CVS 市占率達到 15％以上的州，所有零售商的香菸總銷量下降了 1％。在那些州，吸菸者平均少買五包香菸，在八個月內，總共少賣了九千五百萬包香菸。同時，在 CVS 停售香菸後，尼古丁貼片的銷售量馬上增加了 4％，顯示 CVS 的決定實際上鼓勵了吸菸者戒菸。

　　至於損失的香菸收入，其他有使命感的公司以前拒絕與 CVS 做生意，現在他們注意到 CVS 了。專賣維他命及營養補充品的 Irwin Naturals 和 New Chapter 等公司，他們的產品原本只在天然有機食品連鎖店全食超市（Whole Foods）和其他專業保健商店銷售，現在也同意讓 CVS 銷售他們的產品。這使 CVS 可以為顧客提供更多優質品牌的選擇，開拓了新財源。當這家宣誓要幫助人們更健康的公司，勇敢做出實現這個使命的決定時，不僅幫助美國人變得更健康，對他們的整體業績也產生了正面的影響。

　　當然還有許多其他因素會影響 CVS 的股價表現（停售香菸不久後，公司正式更名為 CVS 健康），但在無限賽局中，財務表現就像運動，無法以短期數字來衡量，但久而久之累積下來就會產生驚人的結果。克瑞莫

說的沒錯，華爾街不會因為一家公司做好事就青睞它，但是顧客和員工會。更多忠誠的顧客和更多忠誠的員工往往會幫助公司成功。公司愈成功，股東就愈能受益。還是我有漏掉什麼嗎？

確實，正如克瑞莫和其他分析師預測的，CVS 的股價在宣布停售香菸後隔天下跌了 1％，從每股 66.11 美元跌至 65.44 美元，但第二天就反彈回來了。發布消息的一年半、計畫上路八個月後，公司股價更衝高到每股 113.65 美元，是宣布停售香菸之前的兩倍，也創下公司股價的歷史新高。克瑞莫擔心的上市公司的財務「黃金指標」，也就是每股盈餘，表現又如何呢？在 2013 年 12 月發布消息之前，CVS 的每股盈餘為 1.04 美元，發布後跌到 0.95 美元，到下一季度又漲回到 1.06 美元，然後在接下來的三年，每股盈餘上漲 70％，平均達到 1.77 美元。

對長期好的決策，短期可能很痛苦

在有限思維主導的世界，無限思維領導者絕對有丟掉工作的風險。在今日的世界，我們都面臨維持有限思

維的龐大壓力。對多數人來說，幾乎所有的職涯發展機會都與我們在有限賽局中的表現息息相關。加上來自分析師、私募股權基金或創投公司的壓力、主管薪資待遇與股價而非公司績效掛勾（令人驚奇的是，兩者不一定是一致的），以及我們的自尊心以及來自別人的壓力，因為我們錯以為自己的價值就等於我們在有限賽局中的表現，到最後，除了有限思維，我們幾乎別無其他選擇。屈服於周圍其他有限玩家的壓力，是最簡單又合理的選擇，這就是為什麼無限思維需要勇氣。

領導的勇氣是願意為未知的未來冒險，而風險是真實存在的。**要調整一個月、一季或一年的決策很容易，但是要為了更遙遠的未來做決定就困難許多。**這樣的決定確實可能在短期內讓我們付出代價，可能會讓我們損失金錢或失去工作。領導的勇氣需要在比法律標準更高，要達到道德的標準。當我們被迫做出違反道德規範的行為，領導的勇氣能幫助我們發聲，讓施加壓力的人知道自己正在造成的情況；面對問題時主動提供幫助，也需要勇氣；做出與既定商業標準不一樣的決定，需要領導的勇氣；要不被信念不同的外部人士給的壓力所影響，也需要領導的勇氣。

在無限賽局中，勇氣不只是我們採取的行動。有限

思維領導者也會冒險。無限思維的勇氣，是願意徹底改變我們對世界運作方式的看法；是拒絕傅利曼的企業目的，並接受另一種定義的勇氣。當我們有勇氣把思維從有限轉變為更無限的觀點時，我們做出的許多決定，例如 CVS 選擇停售香菸，對於持傳統觀點的人來說好像很大膽，但如果以無限視野看待世界，這樣的決定其實再清楚不過。

那麼，我們要如何找到改變思維的勇氣呢？

1. 我們可以等待一個徹底改變人生的經驗，震撼我們的價值觀、挑戰我們看世界的方式。

2. 或者，我們可以找到啟發我們的崇高信念；找到與自己有相同信念、我們信任的人和信任我們的人；找到值得較勁、會促使自己不斷進步的可敬對手；並提醒自己，比起目前的特定方向或策略，我們更致力於投入推動崇高的信念。

第一種方法完全合情合理，事實上這是許多偉大領導者轉向無限思維的方式。無論是人生中的悲劇、機運，或是無法解釋的神祕事件，有一股力量在推動他們，有時甚至是在一瞬間徹底扭轉他們理解世界的方式。但這個方法有點像在賭博……我不建議我們就這樣

空等這一天發生。

第二種方法讓我們有更多掌控。只需要一點信念、一點紀律和練習的意志。對許多人而言，思維的轉變可能在感受上很強烈，但除了感覺之外，思維轉變也會確實影響我們的決定和行動。對於仍然從有限視角看待世界的人，我們的行動顯得過於天真、幼稚，甚至愚蠢。但對於那些相信我們信念的人，我們的行動則顯示了勇氣。對於無限思維玩家，那些勇敢的選擇會成為唯一可行的選擇。

翻轉美國航空

「她告訴我，我不能讓航空公司倒閉，因為她是上班族單親媽媽，如果公司倒閉，她的生活也會受到劇烈影響。」他回憶道。

2001 年 9 月 1 日，帕克（Doug Parker）成為美西航空（America West Airlines）新任執行長。十天後，九一一事件發生。許多企業都受到影響，但航空業受到的衝擊最為嚴重。接下來兩年，美國的乘客載運量下降到二次大戰以來最低。聯合航空（United Airlines）和全美

航空（US Airways）等公司紛紛申請破產保護。美西等規模較小的地區性航空公司沒有大型航空公司的現金流可以緩衝，看來肯定要關門了。

帕克是第一批向新成立的航空運輸穩定理事會（Air Transportation Stabilization Board，ATSB）申請政府貸款的其中之一，理事會在九一一之後為航空業提供一百億美元的貸款。但帕克與理事會的會議進行得並不順利，他坐美西的航班回家，感到很沮喪。他回憶說：「情況不樂觀。身為美西的執行長，我將成為史上任期最短、最糟糕的執行長。」為了轉換情緒，他決定去機上的廚房與空服員交談，然後他遇見了瑪麗。瑪麗是一位優秀的空服員，工作就是她的一切。她為航空公司工作，但公司正在承受產業的衝擊而陷入危機，這不是她的錯。「要避免她的人生陷入嚴重危機，唯一的希望，」帕克回憶道：「就是公司的大家想辦法讓公司繼續生存下去。」

遇到瑪麗之前，避免公司倒閉對帕克來說是一個商業問題，要解決數字問題，讓公司繼續經營下去，這是關於如何管理資源。但遇到瑪麗之後，這變成了一項個人的使命，也是關於人的意志。帕克解釋：「投入比自己更大的使命，會驅使我們做到只為自己的利益時無法

完成的事。」新任執行長和他的團隊燃起新的鬥志，最終真的爭取到原本希望渺茫的政府貸款。為了進一步增強公司實力，並取得更具競爭力的航線網絡，帕克帶領美西航空在 2005 年與全美航空合併，以及在 2013 年與美國航空（American Airlines）合併。「任務完成了，」帕克自豪地說，「美國航空是世界上最大的航空公司，我們的團隊終於安全了。」

但是，帕克仍然覺得有些不對勁，他說：「2016 年初，我開始質疑自己的為什麼。我們已經完成比自己更重大的使命，我依然每天來上班，但就是感覺還缺了什麼。我只是為錢而工作嗎？」帕克自問，「為了名聲？我可不希望答案是肯定的。」

帕克開始思考是否應該離開公司，繼續去做「更能為比自己更重大的信念而努力」的事情。這在超成功人士當中很常見，他們在職業生涯結束後還繼續成立基金會，或把自己的財富分配給慈善事業，努力實現回饋社會的願望，做更「慈善的事」。但是，使命並不是只有在事業成功之後才能找到。

帕克為瑪麗和其他公司同仁服務的動力，雖然非常鼓舞人心，但它還是一個有終點的登月計畫，一旦完成，帕克就必須再次重新尋找目標。他已經體驗到為了

比自己更重大的事情而努力的感覺，他充滿鬥志，希望幫助公司取得前所未有的成功，這不是為了他個人的榮耀，而是為了別人，而他想重溫那種感覺。

派克去聽了製造公司貝瑞威米勒（Barry-Wehmiller）執行長查普曼（Bob Chapman）的演講。查普曼（我在《最後吃，才是真領導》寫了很多關於他的故事）認為，最好的領導者和最好的公司都把員工放在數字之前。他的公司始終秉承「把員工放在獲利之前」的經營理念，並且不斷成長、表現超乎預期，所以他受邀演講給各地抱持認同和懷疑的聽眾們。

在其中一場演講，帕克清楚意識到，他看出之前的努力其實是登月計畫，但他還沒看出那次登月計畫之外更廣的脈絡。努力為人們提供工作保障和更高的薪資，這是他職涯中重要的里程碑，但這還不是能激勵他一生的崇高信念。「我們還需要創造一個關心員工的環境！他們工作做的很棒就可以得到認可和讚賞、他們的主管關心他們、他們下班回家會感到很充實。這就是我一直在尋找的、比自己更重大的新任務。」帕克興奮地描述自己新的無限目標。

改革美航，從重建信任做起

當世界上最大航空公司的執行長有了領導的勇氣，從有限思維轉為無限思維時，會發生什麼事？

就像許多把財報數字放在員工之前的公司，美國航空與員工之間也曾有過一段信任的黑歷史。帕克當執行長之前的領導團隊，以「幫助公司管理破產保護」為理由，與工會協商、讓工會做出重大讓步，但同時公司職級最高的前七位主管只要多待幾年就能得到比薪水高出兩倍的獎金。更糟的是，公司還提撥四千一百萬美元來保障四十五位最高階主管的退休金，一般員工卻完全沒有保障。

醜聞導致當時的執行長卡帝（Donald Carty）下台，他在離職聲明中表示，希望繼任者努力建立「合作、協作和信任的新文化」。儘管已經對大眾公開承諾，繼任者阿佩（Gerard Arpey）和霍頓（Tom Horton）還是沒做到，公司依然存在違反信任的行為和可能的道德褪色。除非新的領導團隊願意做出困難的抉擇和某些犧牲，證明自己確實值得信任，否則一切都不會改變。帕克明白，大聲宣稱事情將會改變，對於推動實際改變沒什麼幫助。他知道領導團隊需要找到勇氣，以行動證明

公司確實會改變，而這正是他們所做的。

　　他們的第一個重要改革發生在 2015 年，他們與公司的機師和空服員協商新的合約，使機師和空服員的收入成為業界最高。但一年後，達美航空（Delta）和聯合航空簽下的新合約，薪水比美國航空的空服員和機師分別高出 5％ 和 8％。有些負面思考的人就質疑，領導團隊事先知道達美跟聯合航空會簽新約，所以才搶先簽約，用較低的薪水綁住大家五年。

　　「嘴上說信任，就只是說說而已，」帕克說：「要驗證這種信任，我們必須做到我們承諾的事。」很多主管可能只會聳聳肩，並承諾在下一次合約談判再處理，他們會說，「這不就是簽合約的目的嗎？」但是信任無法靠壓力或強迫建立，要建立信任，就是依自己的價值觀行事，尤其是在最不被人們期望的時候。當我們在沒有人強迫的情況下，堅持做對的事情，就能建立信任。而看到自家員工三到四年薪資落後於業界平均水準，「這不是新的美國航空的作風，這不符合我們的承諾。」帕克和公司總裁伊桑（Robert Isom）在聯合發表的聲明中說明。

　　高階主管決定讓所有空服員和機師在合約期中分別加薪 5％ 和 8％，沒有任何附帶條件。這個決定將使公

司在未來三年多支出超過九億美元，主管們知道華爾街
會討厭這個決定，他們想的沒錯。

2017 年 4 月 27 日，美國航空宣布消息時，華爾街
的反應如預期的不樂見。為花旗專門研究航空業的分析
師克里西（Kevin Crissey）寫給客戶：「令人沮喪。好
料又先給了員工，股東只能撿剩的。」摩根大通分析師
的信也表達同樣觀點，信的開頭寫道：「美國航空給自
家勞工團體近十億美元，這讓我們感到不安，」這封信
繼續寫道：「我們體諒美國航空希望與勞工利益關係人
『建立信任基礎』，但我們認為這項最新的協議實在太
過分。我們認為解決薪資門檻提高的方法不應該是再去
追高，有時候，履行承諾的時機點是很偶然的。」所謂
「偶然」，我相信他們指的是「可能不公平，但對我們
有利」。幸運的是，美國航空的領導者展現了勇氣，做
出強化公司實力的決策，而不是考慮克里西和摩根大通
團隊的年度獎金。

不幸的是，克里西和摩根大通分析師那樣的有限思
維影響了市場。美國航空預測股價會損失 5％，宣布加
薪的第二天，股價下跌了 9％。好消息是，短期思維通
常也會產生短期的影響，不到兩週，美國航空的股價就
漲回來了，到了年底，股價還上漲超過 20％。即使如

此，華爾街許多人仍認為，如果美國航空沒有加薪，應該能賺更多錢，再次證明了他們把資源放在意志之前。有限思維的人不明白，對員工的投資最終將使公司、顧客和他們的投資受益（他們可能也沒有意識到，他們的干預指導才是股價下跌的原因）。

　　某上市大公司執行長告訴我，華爾街分析師的文章通常是寫給跑短線的讀者，分析師傾向於寫跟短線獲利相關的東西，也就是有限的目標。帕克承認，很難完全不理會短期股市分析師的喋喋不休，我們「必須努力，否則我們可能很快就走偏，」好消息是，帕克的團隊和董事會正在努力不管這些噪音，把注意力放在長期的任務上，「我們要照顧好員工，他們才能照顧好顧客，」帕克說，「這就是我們為股東創造價值的方式。」

　　美國航空踏上新的旅程還不算久，但他們現在對外的說法都比過去更關注長期，所以不意外地，也開始吸引更多長期思維投資人的注意，這種類型的投資人不太在乎短期波動，其中一位就是韋施勒（Ted Weschler）。韋施勒是經營巴菲特的公司波克夏海瑟威（Berkshire Hathaway）的四位投資經理之一，這家公司以長期投資聞名，他們很少出售手中的投資。事實證明，像波克夏海瑟威這樣的長期股東都有自己的分析

師，他們通常不會被二十四小時的輪播金融新聞左右。

被稱為「奧馬哈的神喻」的巴菲特是史上最成功的投資人之一，也是世界上最富有的人之一，在全球金融界享有盛譽。他曾經寫道，航空公司是最糟糕的投資標的之一，正如他在 2007 年給波克夏海瑟威股東的信寫道：

> 「最糟糕的行業是那種成長雖然快速，但需要大量資本來支撐，之後又賺不到多少錢，或根本不賺錢的行業。想想航空公司，從萊特兄弟飛行成功的那天到現在，這個行業一直沒有經得起時間考驗的競爭優勢。事實上，如果當時有某個有遠見的資本家在基蒂霍克（Kitty Hawk，萊特兄弟試飛的地方），就應該幫後輩們一個大忙，把奧維爾（Orville，萊特兄弟）打下來。」

值得注意的是，在本書出版時，波克夏海瑟威是美國航空的單一最大股東。帕克告知波克夏海瑟威，他打算為空服員和機師加薪時，韋施勒也給予祝福。諷刺的是，那些抱怨帕克領導的有限思維者為了賺錢，可能還是會去投資美國航空。

固守有限思維不需要勇氣

　　CVS 決定以信念來引導業務，他們是第一家敢冒險下架香菸的公司，其他人要跟進仿效，應該更容易。然而我在寫這本書時，CVS 兩家最大的競爭連鎖藥局沃爾格林（Walgreens）和 Rite Aid 仍在販售香菸。我不想妄下定論，就算沃爾格林和 Rite Aid 也都是藥房，他們會繼續賣菸也可能是因為忠於自己的信念，只是信念與 CVS 不同，所以我去查證。

　　沃爾格林藥局的母公司沃博聯公司（Walgreens Boots Alliance）網站的「關於我們」寫道，公司的宗旨是「幫助全世界的人過更健康、更快樂的生活」。之後還說，「沃博聯認真看待我們的目標，也就是努力打造更健康幸福的世界，這也體現在我們的核心價值。」第一個核心價值就是「信任：尊重、正直和誠實會指引我們行動、做對的事。」被問到是否計畫仿效 CVS 時，沃爾格林發表聲明，其中提到他們會「積極減少某些商店菸草製品的擺放空間和可見度，因為我們致力於幫助想戒菸的顧客。」你們臉皮夠厚了，沃爾格林。

　　沃博聯公司執行董事長斯金納（James Skinner）也對同樣的問題做出回應：「我們會定期討論，以後隨時

都可以做出決定。」這不是勇氣或信念的相反嗎？如果斯金納做的決定與公司的使命相符，他在擔心什麼？

根據美國疾病管制中心的數據，吸菸是美國最主要的可預防死因。每年死於與吸菸有關的疾病人數，比死於愛滋病、非法使用毒品、酗酒、交通事故和槍支相關事件加起來的總人數還要多！每年有四十八萬人死於吸菸，比二次大戰陣亡美軍的總數多八萬人！經濟成本也很可觀，所有與吸菸相關的疾病每年花掉美國納稅人超過三千億美元。美國太空總署太空梭計畫的全部費用，包括建造六架太空梭（其中五架成功飛上太空），在三十多年間花掉納稅人一千九百六十億美元（平均每年六十五億美元）。換算下來，每年與吸菸相關的健保費用，比飛上太空多出近五十倍！

如果石油公司要為漏油事件與輸油管漏油所產生的費用負責，如果汽車公司要為設計缺陷造成傷害負責，那麼香菸公司和出售香菸的商店難道不應該為每年三千億美元的費用負責嗎？還記得我們在道德褪色那一章談到錯誤的因果關係嗎？致力於讓人們更健康的藥局，如果販售像香菸這樣高度成癮和致癌性的產品，就應該對顧客的健康問題承擔一定的責任，不是嗎？

要預防所有的死亡、挽回因吸菸相關疾病而損失的

所有金錢，最好的方法就是幫助吸菸者戒菸，這也是多
數吸菸者想做的事情。近70%的吸菸者表示希望戒菸，
其中很多人都在藥局購物。但戒菸並不容易，而且顯然
很多人都戒菸不成功。這就是為什麼在香菸旁邊提供戒
菸方案根本毫無幫助，就像在減肥書旁邊賣甜甜圈一
樣。消費者面臨的選擇，一邊是滿足欲望、會衝動購買
的商品，另一邊是需要自律和努力的產品。任何真心想
幫忙的人，都應該把會令人衝動的商品撤掉，讓更困難
的選擇變得容易一些……即使會有代價，這就是領導的
勇氣！

　　如果組織的領導者都提出了崇高信念或使命，那他
們就必須真正相信這個信念。信念或使命的意義在於大
家真的相信，相信企業的使命比賺錢更重要。只有在大
家真的依信念行動時，信念才能被推動。否則那些牆上
或網站上的使命又有什麼意義？

做對的事，要能抵抗壓力

　　愈來愈多的人想為有使命的組織工作，尤其是千禧
世代和Z世代。但是，如果沒有無限思維領導者願意

挑戰職場的現況，那些信念就只是自我感覺良好的行銷手法，用來討好公司內外的人，但自己不相信或不會真的去做。也許，企業領導者交出漂亮財報的壓力，就跟普林斯頓大學神學院那些受到壓力的學生一樣。如果領導者對無限思維沒興趣，或至少敢承認自己不是什麼都懂，他們至少可以說出自己真實的想法，把網站和廣告標語中那些空洞的使命刪掉。誠實地表達公司的短期想法，就像沃爾格林的核心價值中解釋的，用誠信經營來建立信任。可惜的是，要做到這些也需要勇氣。

在 CVS 宣布停售香菸之後，美國第三大連鎖藥局 Rite Aid 也回應是否跟進的問題。畢竟，停售香菸應該也符合他們的使命，藥局網站「我們的故事」一欄第一句話就是：「你的健康和各方面的福祉就是我們關心的事。所以我們提供你——尊貴的客戶——需要的產品和服務，過更健康、更幸福的生活。」但被問到是否計畫仿效 CVS 停售香菸時，Rite Aid 發布了很像傅利曼本人會寫的聲明：「Rite Aid 提供廣泛的產品，其中包括菸草製品，這些商品根據聯邦、州和地方法律都是可以販賣的。」

讓我們想一想這個問題。當一家公司藉由解釋自己可以「合法進行目前的行為」來回答道德問題（或捍衛

不道德的決定）時，就像是被交往很久的男友或女友發現自己劈腿時，回答：「怎樣？！我們又沒結婚，我又沒有犯法。法律上只要我想就可以和別人上床。」這樣的行為可能合法，但很難產生或重建信任。

　　當公司和領導者以勇氣和正直行事時，當他們表現出誠實和品格時，通常會得到顧客和員工的善意和信任。CVS 宣布下架店內所有香菸的第二天，賽恩（Maryalyce Saenz）桌上的電話響了，是她媽媽打來的，賽恩的媽媽幾乎是哭著告訴她，女兒能在 CVS 工作，她很驕傲。多年來，賽恩父親的菸癮一直是家裡的衝突點。「那是非常有勇氣的行動，」賽恩解釋，「那天我真的抬頭挺胸來上班。而且最重要的是，」她繼續說，「我坐下來，心想，『我來對地方了。』」當公司只是依法行事時，無論是員工和顧客大概都不會感受到相同的溫暖和友善。

　　看見無限的勇氣，把事業的使命看得比賺錢更偉大，即使它不受我們周圍有限玩家的青睞，這些很難做到。領導的勇氣就是對公司及領導者提出更高的標準，而非只在法律的範圍內行事。當組織的標準高於聯邦、州和地方法律時，我們才能說他們是正直的。這剛好也是「正直」的定義——堅定遵守道德或藝術上的價值：

廉潔。的確，追求崇高信念的旅程，也是一條正直的道路，代表我們的言行必須一致。也代表有時候領導者必須選擇忽略雜音，如果不相信公司的信念，卻要求公司為自己的利益服務，這就是雜音。

正直不只是「做對的事情」，正直是在大眾抗議或醜聞發生之前就採取行動。當領導者知道公司做了不道德的事，卻在輿論爆發之後才採取行動，這不是正直，那叫損害控制。「他們都在等輿論告訴他們該怎麼做，」哈佛商學院教授坎特（Rosabeth Moss Kanter）談到當今執行長如何做決策時說：「執行長們缺乏勇氣。」

選擇有限或無限的十字路口

人都是雜亂無章和不完美的，沒有完美的無限思維領導者，也沒有完美的無限思維組織。在現實中，即使是專注於無限賽局的企業也有可能走上有限的道路。這種情況發生時，就需要領導的勇氣，承認組織已經偏離信念，需要領導的勇氣才能重新走上正軌。

不幸的是，組織發展成功時，這種情況很常見。無限思維的玩家明白，無論他們達到多少傳統上的成就，

都還只是冰山一角；但有限思維玩家通常會轉攻為守，守住自己的既有利益位置。到達頂峰後，要在無限賽局中玩下去，就需要領導的勇氣。我們要體認到，無論取得多少成就，信念是無限的。但是，轉換成有限思維的誘惑非常大。

　　例如，迪士尼公司也曾經偏離它的無限信念，追求更有限的目標，例如全球主導地位、提高股價，以及讓選擇這些有限目標的人致富。例如，1993 年迪士尼收購米拉麥克斯電影公司（Miramax Films），隨後製作了「很適合闔家觀賞」的電影，例如塔倫提諾（Quentin Tarantino）的犯罪經典《黑色追緝令》（*Pulp Fiction*）、鮑伊（Danny Boyle）關於愛丁堡癮君子的《猜火車》（*Trainspotting*），以及柯波拉（Francis Ford Coppola）以越戰為背景的超現實主義作品加長版《現代啟示錄重生版》（*Apocalypse Now Redux*）。隸屬於迪士尼音樂集團旗下的好萊塢唱片也帶給我們「老少咸宜」的表演，例如極端龐克搖滾樂隊自殺機器（Suicide Machines）和重金屬搖滾樂隊第三次世界大戰（World War III）。

　　每當有新的執行長上任，這位新的領導者就站上了十字路口，他將如何領導？當杜克和鮑爾默分別接掌沃

爾瑪和微軟時，他們都選擇了帶領公司走上有限思維的道路。如果這兩家公司一直這樣走下去，可能已經完全出局。沃爾瑪和微軟之後的執行長，分別是董明倫和納德拉（Satya Nadella），他們也做出選擇，讓各自的公司重新走上無限的道路。儘管他們仍然面臨許多挑戰，但他們似乎都以信念來領導，而不只是在經營公司。

首次公開募股或領導者換人等重大事件，可能使組織走上特定的路。但就算沒發生特定事件，組織也可能從無限轉向有限的道路，這種轉向或脫離原本道路的現象其實很正常。人們經常偏離自己的道路，我們經常沒有維持健康的作息，或是放棄實踐某個新的養身方法。公司是人經營的，所以這種事一定會發生。導致組織走偏的原因往往相當一致，當領導者開始對有限目標更感興趣、拖著組織一起走時，就會發生這種情況。

組織會面臨的另一個十字路口，就是當領導人開始相信自己的神話，以為公司成功都是因為他們很天才，而不是員工很有能力，但員工其實是受到信念啟發的。這種領導者常常會犧牲公司及其信念，只顧追求自己的名聲、財富、榮耀和留下來的功績。管理階層開始與員工脫節，信任開始崩壞。而當業績必然開始受損時，這種領導者會馬上責怪他人，而不是先反省為什麼公司會

走偏。為了「解決」問題，他們不信任員工，反而信任流程。公司變得僵化，前線人員的決策權被搶走。原本應該在甲板上帶領大家朝地平線航行的船長，卻在船裡面敲打引擎，想讓船開得更快，這可不是好現象。

Facebook曾是無限玩家，現在似乎正朝更有限的路走。Facebook成立於2004年，創辦時有清晰明確的信念，要「賦予人們建立社群的力量，讓世界更緊密地連結。」然而，今天的Facebook陷入醜聞，完全背離了「讓世界更緊密連結」的信念。Facebook被指控侵犯使用者隱私，追蹤我們的上網習慣（即使我們不在Facebook上），未能防治平台上散布的假帳戶或假新聞，並且利用並出售收集到的所有數據，把廣告收入最大化。

這應該不是祖克柏「賦予人們力量」的意思，Facebook偏離曾經鼓舞人心的無限道路，是因為領導者受到華爾街有限的期望所帶來的壓力嗎？還是因為他們加倍投入賣廣告為主的商業模式，而沒有及時做出攸關存亡的應變？是因為領導者忘記了崇高的信念，忘記了他們應該服務誰，才能在賽局中玩下去？是傲慢嗎？

現在，Facebook做出對的決定，往往是在受到大眾壓力或爆發醜聞之後的結果，很少是為了保護他們所服務的對象，並推動信念而主動做出的決定。例如，

Facebook 在劍橋分析公司（Cambridge Analytica）爆發醜聞之後才做出反應，儘管他們早在我們發現之前就知道劍橋分析公司不道德的行為。

　　不管有多少因素導致 Facebook 偏離軌道，不可否認的是他們比過去更以有限思維來行動。公司規模很大、錢很多，並不代表就不會失敗。儘管在這場無止盡的賽局中，資金肯定有助於延緩出局，還為領導人提供了把公司拉回軌道的緩衝空間。唯一的問題是，他們是否願意這樣做。只要有一點領導的勇氣，他們就可以在來不及之前，重新贏得那些幫助公司成功的人的信任。

　　正如微軟、沃爾瑪和迪士尼等企業的旅程顯示，公司可以承受暫時偏離方向。要重新回到一開始走的無限道路，他們仍須面對很多挑戰。儘管有些公司的資源可以撐比較久，但錢還是會用完，並不是每個組織都能偏離無限道路太久。無論公司規模大小，本書中試圖說明的無限思維要素，都是幫助你走在無限之路的最佳方法。在無限賽局中玩下去，需要的不是一項項打勾的檢核表，而是要具備正確的思維。

如何找到領導的勇氣

我人生中所有失敗關係的共同點，就是我。有限思維領導者所有掙扎和挫折的共同點，是自己的有限思維。要承認這一點，需要勇氣。努力顛覆自己、接受新的世界觀，更需要勇氣，尤其是當我們知道很多選擇可能都會失敗。在許多人看來，要實際把無限思維運用到組織文化，似乎需要莫大的勇氣，事實也確實如此。因為承認自己是問題的一環，很尷尬，甚至很痛苦。但也可以很激勵人心、很鼓舞士氣，如果我們決定成為改變的一份子。

幾乎沒有人能獨自從有限思維轉為無限思維，我們必須找到與自己有同樣責任感的人，同樣相信是時候要改變的人，同樣希望一起努力改變的人。這本書中每一個展現出領導勇氣的案例，並不是只靠偉大的某個人做出困難決定，而是靠偉大的夥伴、偉大的團隊。一群擁有深厚信任和共同信念、並肩作戰的一群夥伴。就像世界知名的空中飛人絕對不會在沒有安全網的情況下就首次嘗試攸關生死的全新表演，同理，沒有他人的幫助，我們也無法找到領導的勇氣。那些相信我們信念的人，就是我們的安全網。

勇敢的領導者之所以堅強，是因為他們知道自己沒有全部的答案，也無法掌控一切，但他們有彼此支持的夥伴和崇高的信念。軟弱的領導者才會採取權宜之計，認為自己有所有問題的答案，或試圖控制所有的變因。年底用裁員來快速降低成本、達到預測，這不需要什麼勇氣；探索其他沒試過的其他選擇，才需要更大的勇氣。當領導者發揮勇氣，組織內部的人也會開始勇敢。就像小孩會模仿父母，員工也會模仿主管。領導者如果把自己的利益擺在團隊之前，員工也會把自己的升遷放在公司的利益之前。領導的勇氣會帶動更多領導的勇氣。

—— 後記 ——

名為人生的賽局

　　我們的生命有限，但生命本身是無限的。在生命的無限賽局中，我們是有限的玩家。我們來來去去，出生，死去，但無論我們在不在，生命都會繼續。總會有其他玩家，其中一些是我們的對手，勝利讓人高興，失敗讓人難受，但明天都可以繼續迎戰（直到我們用盡了留在賽局中的能力）。無論我們賺多少錢，累積了多少實力，獲得多少次晉升，我們都不會成為生命的贏家。

　　在任何其他比賽，我們都有兩種選擇。雖然我們不能選擇比賽的規則，但是我們可以選擇要不要參賽，可

以選擇想要怎麼玩。但人生的賽局有些不同,在這個賽局,我們只有一個選擇。我們一出生就自動成為玩家,唯一可以選擇的,就是要用有限思維,還是無限思維來參賽。

如果我們選擇有限思維,我們的首要目標就會是比別人更富有,或更快被晉升;選擇無限思維,表示我們會為了比自己更偉大的信念而努力,我們會把擁有相同願景的人視為夥伴,努力與他們建立信任關係,一起推動共同信念。我們對自己的成就心存感激,在自己進步的同時也努力幫助周圍的人更好。無限思維的人生,就是服務的人生。

記得嗎,人生中,我們是許多無限賽局的玩家,事業只是其中一個賽局。我們沒有人會成為教養、友誼、學習或創造力的贏家,但我們可以選擇用什麼思維來面對這些課題。有限的教養,代表我們會盡一切努力確保孩子不僅樣樣都得到最好的,還要凡事表現最好。看似很公平,因為這些「會幫助我們的小孩在人生中成為贏家」。然而,當有限思維成為主要策略,我們可能會陷入道德褪色或者過於關注排名,而沒有留心孩子是否真的有所學習或成長。

臨床心理學和《紐約時報》暢銷作者莫傑爾

（Wendy Mogel）博士分享了一個極端案例。有一位父親在她的演講上舉手告訴她，他和小兒科醫生因為他兒子的阿普伽新生兒評分（Apgar Score）吵了一架……而他贏了。阿普伽新生兒評分是在孩子出生後的第一分鐘到五分鐘內判斷嬰兒活動力的一項測試。莫傑爾博士解釋，基本上，「如果嬰兒的肢體是藍色偏軟，就是一分；如果是粉紅色飽滿的，則是五分。」這位父親似乎更在意「獲勝」，讓他剛出世的小孩得到更高的分數，而不是關心小孩的健康。時間快轉十八年後，那位父親可能會付出多大的努力，確保孩子能獲得最高分，進入最高學府，而一直忽略了孩子是否有所學習，是否健康。

相反地，採取無限思維的教養，我們會幫助孩子發現自己的天賦，引導他們找到自己熱愛的事物，並鼓勵他們勇敢嘗試。我們會教導孩子服務的價值，教他們如何交朋友，與他人相處融洽。我們會教孩子，學習是一輩子的事，即使從學校畢業之後也不會停止……而且到時候可能沒有課表或成績來引導他們。我們會教孩子如何以無限思維生活。父母在無限賽局中最大的貢獻，莫過於養出在我們離開很久以後還能繼續成長、為他人服務的孩子。

以無限思維生活，代表我們要思考自己的決定會產

生什麼效應；代表我們要換個方式思考應該投票給誰；代表我們要為今天做的決定在日後產生的影響負責。

就像所有的無限賽局，在人生的賽局中，目標不是要獲勝，而是繼續玩下去，以服務為目標的生活。沒有人想要自己的墓碑上寫著銀行帳戶的最後餘額，我們希望被記得的，是我們為他人做了什麼。奉獻的母親、慈愛的父親、忠實的朋友。服務的思維對賽局有益。

在生命的無限賽局中，我們只有一種選擇，你會選擇什麼？

■　　■　　■

如果這本書對你有一些啟發，請把它送給你想分享的人吧！

——— **致謝** ———

　　想法會不斷演化，它不會像電燈突然被打開，也不是隨機的。我們對已經被提出的問題或嘗試在解決的問題有想法。如果有靈光一閃的時刻，也是在我們讀了一些東西、看了一些東西、聽了一些東西，並與別人對話之後，新的想法才可能出現，所有見聞與交流都幫助、啟發和指引我們將想法推敲成形，無限賽局也是如此。

　　寫這本書的種子在多年前種下，當時我的朋友柯林斯（Brian Collins）送我《有限賽局與無限賽局》（謝謝卡爾斯博士寫了這本神奇的書）。我被這個想法迷住

了，它開始影響我看世界的方式。

　　我送出幾十本書給那些我覺得會喜歡接觸新觀點的人，其中一人就是蘭德智庫（RAND Corp）的霍恩（Andy Hohen）。我們多次長談，討論無限賽局如何幫助我們重新看待國際政治和軍事戰略。夏德（David Shedd）這位厲害的思想家暨資深政府官員，問了我許多困難的問題，幫助我進一步深化想法。我很榮幸受美國空軍退役准將霍特（Blaine Holt）和美國聯邦政府官員萊恩（Mike Ryan）邀請，參加在德國舉行的美國歐洲司令部會議，分享如何用無限思維理解美國在冷戰後世界的角色。在紐約的創業家聚會上，高汀（Seth Godin）的演講啟發了我丟掉講稿，去嘗試新的事物，那是我第一次在商業上運用無限思維。顯然我們不僅需要看待世界的新視角，還需要了解我們如何在充滿無限賽局的世界中領導。

　　想法開始發展成形，我需要進行測試。謝謝早期採用者願意冒險讓我在觀眾前分享尚未完全成熟的想法。安永會計師事務所的派頓（Bob Patton）給我機會在加州棕櫚泉市的公司策略成長論壇上談論這個想法；TED 大會邀我在紐約發表演講；Google 請我與員工討論這個想法；WME 鼓勵我挑戰公司高層，與他們分享

何謂無限思維領導。緩慢但堅定地，「在無限賽局中領導」這個想法愈來愈完整。謝謝所有與我一起切磋，給我機會與聽眾分享想法的每個人。

　　我告訴我的編輯札克海姆（Adrian Zackheim）這個想法時，他一如往常微笑著說：「我要出版這本書。」感謝他願意相信我又一個瘋狂的想法以及我對於世界的想像，感謝他願意冒險。然後，真正的工作開始了，寫出一本書。

　　寫書是研究與寫作的結合，需要大量的討論和辯論，然後是潤飾和重寫。過程充滿各種的情緒……真的是各種情緒。在我經歷所有這些情緒時，謝謝哈倫（Jenn Hallam）一直在旁邊陪伴，是我一路走來的夥伴，鼓勵我不斷改良想法，幫助我使文字更清晰。沒有你，這本書不可能完成，謝謝。

　　當我埋首寫作時，感謝我的團隊幫我處理了其他所有工作。Sara Toborowsky，Kim Harrison，Lori Jackson，Melissa Williams，Molly Strong，Monique Helstrom 和 Laila Soussi，以及團隊其他成員，感謝你們那幾個月裡對我充滿耐心，照顧我還有打點其他工作。

　　特別感謝史塔格（Tom Staggs）為我付出很多時間，幫助這本書更加完善，我非常重視你的建議和友誼。謝

謝海軍陸戰隊退役中將弗林（George Flynn）的全程陪伴，從大綱到最後的手稿都和我一起討論修改。感謝嘉納（Tom Gardner）和 Motley Fool 網站的大家與我分享豐富的知識。謝謝格蘭特（Adam Grant），我可敬的對手和朋友，你的優秀激勵我變得更好。致我的信念夥伴查普曼（Bob Chapman），我們的火炬每天都愈燒愈亮。

謝謝 STRIVE 摩洛哥的所有夥伴，跟你們一起在沙漠中的時光，是我第一次想討論什麼是無限的人生（可能跟那天早上騎車上那座沙丘的感覺有關）。

謝謝與我分享想法和故事的每一個人，你們讓這本書成真：Angela Ahrendts，Christine Betts，Jack Cauley 分局長，Jake Coyle 警官，以及城堡岩分局的所有人，Sasha Cohen，John Couch，美國海軍退役上校 Rich Diviney，Carl Elsener，Jeff Immelt，Curtis Martin，Steve Mitchell，Alan Mulally，Doug Parker，Joe Rohde，William Swenson 少校，Lauryn Sargent 和 Scott Thompson。特別感謝廷德爾（Kip Tindell），感謝你的故事，以及你的信任和鼓勵。

謝謝每一位開放、挑戰並敦促我的人：Sara Blakely，Linda Boff，美國空軍退役上將 Kevin Chilton，美國空軍上校 Mike Drowley，Elise Eberwine，Al

Guido，Brian Grazer，David Kotkin，美國海軍陸戰隊上尉 Maureen Krebs，Jamil Mahoud，隸屬 HSM-51 的美國海軍中校 C.K. Morgan（你的感謝信改變了整本書的大綱），Essie North，美國空軍退役少將 David Robinson，美國空軍退役上將 Lori Robinson，Daisy Robinton，Craig Russell，Jen Waldman，Kevin Warren，Mike Wirth。

　　感謝美國空軍、陸軍、海岸防衛隊、海軍和海軍陸戰隊的各級領導人，你們考驗了我的勇氣，謝謝。

　　最後，對每一位讀者致上我最深的感謝。感謝和我一起為崇高信念努力的每個人，我很榮幸能為你們服務，讓我們一起努力建立一個世界，讓多數人每天醒來都充滿動力，工作時感到安全，並在一天結束時充滿成就感地回家。一起加油！

參考資料

前言

1　北越則損失超過：*The Fog of War: Eleven Lessons from the Life of Robert S. McNamara*, directed by Errol Morris (Los Angeles: Sony Pictures, 2003), www.errolmorris.com/film/fow_transcript .html.

第一章：有限賽局和無限賽局

2　英國航空多年來：Janet Guyon, "British Airways Takes a Flier," September 27, 1999, archive.fortune.com/magazines/fortune/fortune_archive/1999/09/27/266152/index.htm.

3　時任微軟執行長的鮑爾默明知不容易：Daniel Eran Dilger, "Microsoft Abandons Zune Media Players in Defeat by Apple's iPod,"March14, 2011, AppleInsider, appleinsider.com/articles/11/03/14/microsoft_abandons_zune_media_players_in_ipod_defeat.

4　他們的動力來源不是當季績效：Jonathan Ringen, "How Lego Became

the Apple of Toys," *Fast Company*, January 8, 2015, www.fastcompany. com/3040223/when-it-clicks-it-clicks.

5　**1912 年，柯達率先開始：** Rick Wartzman, *The End of Loyalty: The Rise and Fall of Good Jobs in America* (New York: PublicAffairs, 2017), 20–21.

6　**瑞士維氏在時機好的時候：** Epoch Times staff, "Staying True to Values: Interview with Carl Elsener Jr., Victorinox CEO," *Epoch Times*, August 8, 2016, www.theepochtimes.com/staying-true-to-values-interview-with-carl-elsener-jr-victorinox-ceo_2132648.html.

7　**「想必你從來沒讀過歷史」：** *The Fog of War: Eleven Lessons from the Life of Robert S. McNamara*, directed by Errol Morris (Los Angeles: Sony Pictures, 2003), www.errolmorris.com/film/fow_transcript.html.

8　**以 9％的市占率問世：** Tim Beyers, "Too Zune for Hype," *Motley Fool*, November 20, 2006, www.fool.com/investing/value/2006/11/30/too-zune-for-hype.aspx; and Dan Frommer, "Apple iPod Still Obliterating Microsoft Zune," *Business Insider*, July 12, 2010, www.businessinsider.com/through-may-apples-ipod-had-76-of-the-us-mp3-player-market-while-microsofts-zune-had-1-according-to-npd-gro-2010-7.

9　**Spanx、是拉差甜辣醬和 GoPro：** Meg Prater, "9 Brands that Survive Without a Traditional Marketing Budget," *HubSpot*, July 17, 2017, blog. hubspot.com/marketing/brands-without-traditional-marketing-budget.

10　**推出後四年內：** Rachel Rosmarin, "Apple's Profit Soars on iPod Sales," *Forbes*, July 19, 2006, www.forbes.com/2006/07/19/apple-ipod-earnings_cx_rr_0719apple.html#4e7d9a357f6c.

11　**受 訪 時 被 問 到 iPhone：** Jay Yarrow, "Here's What Steve Ballmer Thought about the iPhone Five Years Ago," *Business Insider*, June 29, 2012, http://www.businessinsider.com/heres-what-steve-ballmer-thought-about-the-iphone-five-years-ago-2012-6.

12　**上市僅五年後：** Kurt Eichenwald, "Microsoft's Lost Decade," *Vanity Fair*, August 2012, www.vanityfair.com/news/business/2012/08/microsoft-lost-mojo-steve-ballmer.

13　**過去五年：** Mary Jo Foley, "For Steve Ballmer, a LastingTouchonMicrosof t,"*Fortune*, December10, 2013, fortune.com/2013/12/10/for-steve-ballmer-a-lasting-touch-on-microsoft.

14　**微 軟 受 困 有 限 思 維：** Matt Weinberger, "How Microsoft CEO Satya

Nadella Did What Steve Ballmer and Bill Gates Couldn't," *Business Insider*, January 30, 2016, www.businessinsider.com/satya-nadella-achieved-one-microsoft-vision-2016-1.

15　**精實的競爭機器**：Kurt Eichenwald, "Microsoft's Lost Decade," *Vanity Fair*, July 24, 2012, www.vanityfair.com/news/business/2012/08/microsoft-lost-mojo-steve-ballmer.

16　**麥肯錫的一項研究顯示**：Stéphane Garelli, "Why You Will Probably Live Longer Than Most Big Companies," IMD, December 2016, www.imd.org/research-knowledge/articles/why-you-will-probably-live-longer-than-most-big-companies; www.mckinsey.com/business-functions/strategy-and-corporate-finance/our-insights/reflections-on-corporate-longevity.

17　**耶魯大學的福斯特教授表示**：Kim Gittleson, "Can a Company Live Forever?," BBC News, January 19, 2012, www.bbc.com/news/business-16611040.

18　**1929 年股市崩盤**：Simon Sinek, *Leaders Eat Last* (New York: Portfolio/Penguin, 2017) (Glass-Steagall and Stock Market Crashes).

第二章：崇高的信念

19　**有個孩子死了**：Volker Wagener, "Leningrad: The City That Refused to Starve in WWII," DW.com, August 9, 2016, p.dw.com/p/1JxPh.

20　**希望這個部門**：Carolyn Fry, *Seeds: A Natural History* (Chicago: University of Chicago Press, 2016), 30–31.

21　**我們將走進火焰**：Jules Janick, "Nikolai Ivanovich Vavilov: Plant Geographer, Geneticist, Martyr of Science," *HortScience* 50, no. 6 (June 1, 2015): 772–76.

22　**連走路都很困難**：Gary Paul Nabhan, *Where Our Food Comes From: Retracing Nikolay Vavilov's Quest to End Famine* (Washington, D.C.: Shearwater, 2009), 10.

23　**執行長海加**：Michael Major, "The Vavilov Collection Connection," Crop Trust, March 19, 2018, www.croptrust.org/blog/vavilov-collection-connection.

24　**加州的消費電子品牌 Vizio**："Irvine California Jobs," Vizio, careers.vizio.com/go/Irvine-California-Jobs/4346100.

第三章：如何找到信念

25　**我們要登上月球**：President John F. Kennedy, Moon speech, Rice University, Houston, Texas, September 12, 1962, NASA, er.jsc.nasa.gov/seh/ricetalk. htm.

26　**看起來多麼不可能**：Jim Collins, *Good to Great: Why Some Companies Make the Leap . . . and Others Don't* (New York: HarperCollins, 2001), and Jim Collins and Jerry I. Porras, *Built to Last: Successful Habits of Visionary Companies* (New York: HarperCollins, 2004).

27　**對此當時的執行長傑克・威爾許**：Quote comes from the author's interview with Jeff Immelt. We need to go back to see if the topic of the town halls came from him too. Though I fear itdidn't.

28　**我們要成為全球市長的領導者**：Garmin, "About Us," "Our Vision," www.garmin.com/en-US/company/about.

29　**想像一下，有一天早上你走出家門**：going on vacation metaphor is derived from the work of sales coach Jack Daly.

30　**尤其是在新創的世界**：Eric Paley, "Venture Capital Is a Hell of a Drug," *Tech Crunch*, September 16, 2016, techcrunch.com/2016/09/16/venture-capital-is-a-hell-of-a-drug.

31　**這些身在成熟市場的企業**：Robert J. Samuelson, "Capitalism's Tough Love: The Real Lessons from the Fall of Sears and GE," *The Washington Post*, January 13, 2019, www.washingtonpost.com/opinions/capitalisms-tough-love-the-real-lessons-from-the-fall-of-sears-and-ge/2019/01/13/fef2d576-15df-11e9-803c-4ef28312c8b9_story.html.

32　**70%到90%的併購**：Roger L. Martin, "M&A: The One Thing You Need to Get Right," *Harvard Business Review*, June 2016, hbr.org/2016/06/ma-the-one-thing-you-need-to-get-right.

第四章：讓信念傳下去

33　**如果我們一起努力**：Barbara Farfan, "Overview of Walmart's History and Mission Statement," *The Balance Small Business*, July 25, 2018,www.thebalancesmb.com/history-of-walmart-and-mission-statement-4139760.

34　**沃爾瑪處於有利地位**："Mike Duke Elected New Chief Executive Officer of Wal-Mart Stores, Inc.," Walmart, November 21, 2008, corporate. walmart.com/_news_/news-archive/investors/mike-duke-elected-new-chief-executive-officer-of-wal-mart-stores-inc-1229111.

35　國會也對沃爾瑪：Josh Eidelson, "The Great Walmart Walkout," *The Nation*, December19, 2012, www.thenation.com/article/great-walmart-walkout.

36　沃爾瑪的故事：Simon Sinek, "Why Too Many Successions Don't Succeed," *Huffington Post*, December 27, 2008, www.huffingtonpost.com/simon-sinek/why-too-many-successions_b_146700.html.

37　「我會向上看，往外望」：From a conversation with General Lori Robinson.

38　「我認為許多財務長」：Michael Dinkins, "What Jack Welch Taught This CFO about Leadership," Spend Culture Stories Podcast, 2018, soundcloud.com/spendculture/what-it-was-like-to-work-with-jack-welch-michael-dinkins.

39　「能有機會帶領沃爾瑪」："Doug McMillon Elected New Chief Executive Officer of Wal-Mart Stores, Inc.," Walmart, November 25, 2013, corporate.walmart.com/_news_/news-archive/2013/11/25/doug-mcmillon-elected-new-chief-executive-officer-of-wal-mart-stores-inc.

第五章：企業責任 2.0

40　「在自由企業」：Milton Friedman, "A Friedman Doctrine—The Social Responsibility of Business Is to Increase Its Profits." *The New York Times Magazine*, September 13, 1970, www.nytimes.com/1970/09/13/archives/a-friedman-doctrine-the-social-responsibility-of-business-is-to.html.

41　「企業的社會責任只有一個」：Friedman, "A Friedman Doctrine."

42　「消費是一切」：Adam Smith, *The Wealth of Nations*, Part Two (New York: Collier, 1902), 442.

43　正如亨利・福特所說：Quoted in Bryce G. Hoffman, *American Icon: Alan Mulally and the Fight to Save Ford Motor Company* (New York: Crown Publishing, 2012), 398.

44　這很大程度上要歸咎於：Caroline Fohlin, "A Brief History of Investment Banking from Medieval Times to the Present," in *The Oxford Handbook of Banking and Financial History*, ed. Youssef Cassis et al. (Oxford: Oxford University Press, 2014).

45　他們的行為更像房客：Reference from Tom Staggs.

46　因為缺少領導人跟明確的焦點：Michael Levitin, "The Triumph of Occupy Wall Street," *The Atlantic*, June 10, 2015. www.theatlantic.com/politics/archive/2015/06/the-triumph-of-occupy-wall-street/395408/; and Ray Sanchez, "Occupy Wall Street: 5 Years Later," CNN.com, September 16, 2016, www.cnn.com/2016/09/16/us/occupy-wall-street-protest-movements/index.html.

47　人民戰爭：Transcript of interview with Vo Nguyen Giap, Viet Minh commander, *People's Century,* "Guerrilla Wars (1956– 1989)," season 1, episode 24, produced by BBC and WGBH Boston, 1973, www.pbs.org/wgbh/peoplescentury/episodes/guerrillawars/giaptranscript.html.

第六章：意志與資源

48　**49％的技術**：Diane Cardwell, "Spreading His Gospel of Warm and Fuzzy," *The New York Times*, April 23, 2010, www.nytimes.com/2010/04/25/nyregion/25meyer-ready.html.

49　但是，好市多給收銀員的平均時薪是：Andrés Cardenal, "Higher Wages Could Pay Off for Wal-Mart Employees, Customers, and Investors," *Motley Fool*, January 20, 2016, www.fool.com/investing/general/2016/01/20/higher-wages-could-pay-off-for-wal-mart-employees.aspx.

50　因為這種思維：Zac Hall, "Retail Chief Angela Ahrendts Talks 'Today at Apple' and More in Video Interview," 9to5Mac, May 17, 2017, 9to5mac.com/2017/05/17/angela-ahrendts-today-at-apple-video.

51　平均留任率高達 90 ％：Don Reisinger, "Here's How Apple's Retail Chief Keeps Employees Happy," *Fortune*, January 28, 2016, fortune.com/2016/01/28/apple-retail-ahrendts-employees.

52　金錢買不到真正的意志："Countless studies have shown that we're more committed to an activity when we do it out of passion, rather than an external reward such as a trophy." Jonathan Fader, PhD, "Should We Give Our Kids Participation Trophies?," *Psychology Today*, November 7, 2014, www.psychologytoday.com/us/blog/the-new-you/201806/should-we-give-our-kids-participation-trophies.

53　廷德爾在經濟衰退期間看到：Author's interview with Kip Tindell.

第七章：信任的團隊

54　一天又一天：Angus Chen, "Invisibilia: How Learning to Be Vulnerab leCanMakeLifeSafer,"NPR, June17, 2016, www.npr.org/sections/health-shots/2016/06/17/482203447/invisibilia-how-learning-to-be-vulnerable-can-make-life-safer.

55　「某種意義上，安全就是」：Chen, "Invisibilia."

56　成果也非常顯著：Robin J. Ely and Debra Meyerson, "Unmasking Manly Men," *Harvard Business Review*, July–August 2008, hbr.org/2008/07/unmasking-manly-men.

57　「我明白你的意思」：Q & A session of the IACP conference in San Diego, 2016.

58　威爾許和海豹部隊一樣：Personal interview with Navy SEAL Welch.

59　「你遇到了問題」：Bryce G. Hoffman, *American Icon: Alan Mulally and the Fight to Save Ford* (New York: Crown Publishing, 2012), 110–125.

60　安全圈一旦被建立：Author's interview with Alan Mulally

61　「以團隊的形式共同努力」：Hoffman, *American Icon*, 121.

第八章：小心道德褪色

62　《紐約時報》2016 年的報導指出：Michael Corkery, "Wells Fargo Fined $185 Million for Fraudulently Opening Accounts," *TheNewYorkTimes*, September8, 2016, www.nytimes.com/2016/09/09/business/dealbook/wells-fargo-fined-for-years-of-harm-to-customers.html.

63　最終，有五千三百名富國銀行員工：Chris Arnold, "Former Wells Fargo Employees Describe Toxic Sales Culture, EvenatHQ," NPR, October4, 2016, www.npr.org/2016/10/04/496508361/former-wells-fargo-employees-describe-toxic-sales-culture-even-at-hq.

64　有些員工回憶道：Arnold, "Former Wells Fargo Employees Describe Toxic SalesCulture."

65　一位富國銀行員工承認："Wells Fargo Workers Created Fake Accounts," video, CNN Business, April 10, 2017, money.cnn.com/2017/04/10/investing/wells-fargo-board-investigation-fake-accounts/index.html.

66　調查富國銀行醜聞的結果發現：Matt Egan, "Wells Fargo Claws Back

$75 Million from Former CEO and Top Exec," CNN Business, April 10, 2017, money.cnn.com/2017/04/10/investing/wells-fargo-board-investigation-fake-accounts/index.html; and Independent Directors of the Board of Wells Fargo & Company, "Sales Practices Investigation Report," April 10, 2017, www.documentcloud.org/documents/3549238-Wells-Fargo-Sales-Practice-Investigation-Board.html.

67　**2010 年，也就是行員開始設立假帳戶的前一年：** Matt Egan, "Feds Knew of 700 Wells Fargo Whistleblower Cases in 2010," CNN Business, April 19, 2017, money.cnn.com/2017/04/19/investing/wells-fargo-regulator-whistleblower-2010-occ/index.html?iid=EL.

68　**史坦普早在 2013 年就知道：** Independent Directors of the Board of Wells Fargo & Company, "Sales Practices Investigation Report," April 10, 2017, 55, www.documentcloud.org/documents/3549238-Wells-Fargo-Sales-Practice-Investigation-Board.html.

69　**該報告指出，她也是出了名的抗拒外界：** Independent Directors of the Board of Wells Fargo & Company, "Sales Practices Investigation Report," 13, 8, 46, www.documentcloud.org/documents/3549238-Wells-Fargo-Sales-Practice-Investigation-Board.html.

70　**2018 年富國銀行被罰款：** Julia Horowitz, "Wells Fargo toPay $2.09 Billion Fine in Mortgage Settlement," CNN Business, August 1, 2018, money.cnn.com/2018/08/01/investing/wells-fargo-settlement-mortgage-loans/index.html.

71　**銀行的車貸部門：** Emily Glazer, "Wells Fargo to Refund $80 Million to Auto-Loan Customers for Improper Insurance Practices," *The Wall Street Journal*, July 8, 2017, www.wsj.com/articles/wells-fargo-to-refund-80-million-to-auto-loan-customers-for-improper-insurance-practices-1501252927.

72　**批發部門：** "U.S. Probing Wells Fargo's Wholesale Banking Unit: WSJ," Reuters, September 6, 2018, www.reuters.com/article/us-wells-fargo-probe/u-s-probing-wells-fargos-wholesale-banking-unit-wsj-idUSKCN1LM28O.

73　**這樣的處罰其實很輕微：** Wells Fargo & Company Annual Report 2016, 37, 88.3B.

74　**史坦普確實丟了工作：** Matt Krantz, "Wells Fargo CEO Stumpf Retires with $134M," *USA Today*, October13, 2016, www.usatoday.com/story/money/markets/2016/10/12/wells-fargo-ceo-retires-under-fire/91964778/.

75　看到漲價對股價的影響之後：Mark Maremont, "EpiPen Maker Mylan Tied Executive Pay to Aggressive Profit Targets," *The Wall Street Journal*, September1, 2016, www.wsj.com/articles/epipen-maker-mylan-tied-executive-pay-to-aggressive-profit-targets-1472722204; Aimee Picchi, "Mylan Boosted EpiPen's Price Amid Bonus Target for Execs," CBS News, September 1, 2016, www.cbsnews.com/news/mylan-boosted-epipens-price-amid-bonus-target-for-execs; and Gretchen Morgenson, "EpiPen Price Rises Could Mean More Riches for Mylan Executives," *The New York Times*, September 1, 2016, www.nytimes.com/2016/09/04/business/at-mylan-lets-pretend-is-more-than-a-game.html.

76　當然，這項激勵措施實施後：Morgenson, "EpiPen Price Rises Could Mean More Riches for MylanExecutives."

77　**2009 年以來第十五次漲價後**：Catherine Ho, "CEO at Center of EpiPen Price Hike Controversy Is Sen. Joe Manchin's Daughter," *The Washington Post*, August 24, 2016, www.washingtonpost.com/news/powerpost/wp/2016/08/24/ceo-at-center-of-epipen-price-hike-controversy-is-sen-joe-manchins-daughter/?utm_term=.7f474849840b; and Matt Egan, "How EpiPen Came to Symbolize Corporate Greed," CNN Business, August 29, 2016, money.cnn.com/2016/08/29/investing/epipen-price-rise-history/index.html.

78　當執行長布雷施被問到：Danielle Wiener-Bronner, "Mylan CEO: You Can't Build a Company in a Quarter," CNN Business, June 4, 2018, money.cnn.com/2018/06/04/news/companies/heather-bresch-boss-files/index.html.

79　美國檢察官溫納布解釋："Mylan Agrees to Pay $465 Million to Resolve False Claims Act Liability for Underpaying EpiPen Rebates," U.S. Department of Justice, Office of Public Affairs, August17, 2017, www.justice.gov/opa/pr/mylan-agrees-pay-465-million-resolve-false-claims-act-liability-underpaying-epipen-rebates.

80　名譽教授梅西克：Ann E. Tenbrunsel and David M. Messick, "Ethical Fading: The Role of Self-Deception in Unethical Behavior," Social Justice Research 17, no. 2 (June 2004): 223–36.

81　譚布倫瑟和梅西克認為，大家熟悉的滑坡效應：Tenbrunsel and Messick, "Ethical Fading," 228–29.

82　史隆在接任富國銀行執行長後：Matt Egan, "Elizabeth Warren to Wells Fargo CEO: 'You Should Be Fired,'" CNN Business, October 3, 2017, money.cnn.com/2017/10/03/investing/wells-fargo-hearing-ceo; and "Wells Fargo Statement Regarding Board Investigation into the Community Bank's Retail Sales Practices," Business Wire, April 10, 2017, www. businesswire.com/news/home/20170410005754/en/Wells-Fargo-Statement-Board-Investigation-Community-Bank%E2%80%99s.

83　「流程只會告訴我們」："Dr. Leonard Wong Discusses a Culture of Dishonesty in the Army," STEM-Talk, Episode 29, Florida Institute for Human & Machine Cognition, January 17, 2017, www.ihmc.us/stemtalk/episode-29-2.

84　然而，在翁博士與共同研究者：Leonard Wong and Stephen J. Gerras, "Lying to Ourselves: Dishonesty in the Army Profession," U.S. Army War College Strategic Studies Institute (Carlisle Barracks, PA: U.S. Army War College Press, 2015), ssi.armywarcollege.edu/pdffiles/pub1250.pdf.

85　翁博士與格拉斯博士舉了一個例子：Wong and Gerras, "Lying to Ourselves."

86　以最暢銷的 R2 刷毛外套為例：Tim Nudd, "Ad of the Day: Patagonia," *Adweek*, November 28, 2011, www.adweek.com/brand-marketing/ad-day-patagonia-136745/.

87　「我們這麼做是出於內疚」：Monte Burke, "The Greenest Companies in Fly Fishing," FlyFisherman.com, February 1, 2016, www.flyfisherman.com/conservation/greenest-companies-in-fly-fishing/Chouinard.

88　「我們希望公司可以活到」：Katya Margolin, "Could Patagonia's Alternative Leadership Model Unleash the Best in Your People?," Virgin, October 7, 2016, www.virgin.com/entrepreneur/could-patagonias-alternative-leadership-model-unleash-best-your-people.

89　他們的動力來自於對未來的願景：Patagonia, "Sustainability Mission/Vision,"https://www.patagonia.com/sustainability.html.

90　正如他們的網站寫的：Patagonia, "Don't Buy This Jacket, Black Friday and the *New York Times*," November 25, 2011, www.patagonia.com/blog/2011/11/dont-buy-this-jacket-black-friday-and-the-new-york-times.

91　巴塔哥尼亞也在 2011 年的內部稽核：Gillian B. White, "All Your Clothes Are Made with Exploited Labor," *The Atlantic*, June 3, 2015, www. theatlantic.com/business/archive/2015/06/patagonia-labor-clothing-factory-exploitation/394658.

92　上市公司要為了那些只關心公司財務表現的投資人負責：Margolin,
"Could Patagonia's Alternative Leadership Model Unleash the Best in
YourPeople?"

93　為了獲得 B 型企業認證："Three Guides for Going B—and Why
It Matters," Patagonia.com, August 27, 2018, www.patagonia.com/
blog/2018/08/three-guides-for-going-b-and-why-it-matters.

94　就如同巴塔哥尼亞執行長馬卡里奧說：Jeff Beer, "How Patagonia
Grows Every Time It Amplifies Its Social Mission," *Fast Company*,
February21, 2018, www.fastcompany.com/40525452/how-patagonia-grows-
every-time-it-amplifies-its-social-mission.

95　如果我們做到企業界認可的成功："Clothing Company Tells Customers
to Buy Less," *PBS NewsHour*, August 21, 2015, www.pbs.org/newshour/
extra/daily-videos/clothing-company-tells-consumers-to-buy-less.

第九章：可敬的對手

96　艾芙特和娜拉提洛娃：Gwen Knapp, "Evert vs. Navratilova—What a
Rivalry Should Be," *San Francisco Chronicle*, June 19, 2005, www.sfgate.
com/sports/knapp/article/Evert-vs-Navratilova-what-a-rivalry-should-
be-2661371.php.

97　專注於過程與不斷改進："Countless studies have shown that we're
more committed to an activity when we do it out of passion, rather than an
external reward such as a trophy." Jonathan Fader, PhD, "Should We Give
Our Kids Participation Trophies?," *Psychology Today*, November 7, 2014,
www.psychologytoday.com/us/blog/the-new-you/201806/should-we-give-
our-kids-participation-trophies.

98　在穆拉利接管公司之前的十五年間：Bryce G. Hoffman, *American Icon:
Alan Mulally and the Fight to Save Ford* (New York: Crown Publishing,
2012), 109; and Sarah Miller Caldicott, "Why Ford's Alan Mulally Is an
Innovation CEO for the Record Books," *Forbes*, June 25, 2014, www.
forbes.com/sites/sarahcaldicott/2014/06/25/why-fords-alan-mulally-is-an-
innovation-ceo-for-the-record-books/#6b2caf297c04.

99　他發現的其中一個情況是：Hoffman, *American Icon*, 127.

100　包括福特在內的底特律汽車公司：Hoffman, *American Icon*, 97–98.

101　我們不會追逐市占率：Hoffman, *American Icon*, 139.

102　蘋果在《華爾街日報》上登出全版廣告：Bill Murphy Jr., "37 Years Ago, Steve Jobs Ran Apple's Most Amazing Ad. Here's the Story (It's Almost Been Forgotten)," Inc.com, August 23, 2018, www.inc.com/bill-murphy-jr/37-years-ago-steve-jobs-ran-apples-most-amazing-ad-heres-story-its-almost-been-forgotten.html.

103　歡迎來到三十五年前電腦革命以來：Murphy Jr., "37 Years Ago, Steve Jobs Ran Apple's Most AmazingAd."

104　審問過愈多人，我愈明白：John Douglas, *Mindhunter: Inside the FBI's Elite Serial Crime Unit* (New York: Pocket Books, 1996), 56.

第十章：攸關存亡的應變

105　正如迪士尼的哥哥羅伊後來敘述的：Neal Gabler, *Walt Disney: The Triumph of the American Imagination* (New York: Vintage, 2007), 10.

106　華特迪士尼製作公司的文化開始出現階層：Gabler, *Walt Disney*, 492.

107　這家曾經偉大、無限的公司領導人：Tendayi Viki, "On the Fifth Anniversary of Kodak's Bankruptcy, How Can Large Companies Sustain Innovation?," Forbes, January 19, 2017, www.forbes.com/sites/tendayiviki/2017/01/19/on-the-fifth-anniversary-of-kodaks-bankruptcy-how-can-large-companies-sustain-innovation/#5eb918e46280.

第十一章：領導的勇氣

108　「可是你們店裡不是在賣香菸嗎」：Larry Merlo, "The Good and the Growth in Quitting," TED Talk, Wake Forest University, YouTube video, 15:24, April 2015, www.youtube.com/watch?v=aM2ZtpqwYQs.

109　「這在童話世界可能會賺錢」：Jeff Morganteen, "Cramer: CVS' Tobacco Move Won't Fly on Wall Street," CNBC, February 5, 2015, www.cnbc.com/2014/02/05/cramer-cvs-tobacco-move-wont-fly-on-wall-street.html.

110　伊利諾州的一位行銷顧問："CVS' Tobacco Exit Draws Reaction, Applause," *Convenience Store News*, February 6, 2014, csnews.com/cvs-tobacco-exit-draws-reaction-applause.

111　CVS 委託一項獨立研究："We Quit Tobacco, Here's What Happened Next," Thought Leadership, CVS Health Research Institute press release, September 1, 2015, cvshealth.com/thought-leadership/cvs-health-researchinstitute/we-quit-tobacco-heres-what-happened-next.

112 專賣維他命及營養補充品的 **Irwin Naturals**：Brian Berk, "CVS Pharmacy Unveils the 'Next Evolution of the Customer Experience," *Drug Store News*, April 19, 2017, www.drugstorenews.com/beauty/cvs-pharmacy-unveils-next-evolution-customer-experience.

113 **CVS 的股價在宣布停售香菸後隔天下跌了**：Andrew Meola, "Rite Aid (RAD) and Walgreen (WAG) Rise on CVS Caremark (CVS)Tobacco Announcement," TheStreet, February 5, 2014, www.thestreet.com/story/12311827/1/rite-aid-rad-and-walgreen-wag-rise-on-cvs-caremark-cvs-tobacco-announcement.html.

114 在 **2013 年 12 月消息發布之前**：CVS Health Corporation Revenue & Earnings Per Share (EPS), Nasdaq, data as of April 2, 2019, www.nasdaq.com/symbol/cvs/revenue-eps.

115 **「她告訴我，我不能讓航空公司倒閉」**：Author's interview with Doug Parker.

116 **醜聞導致當時的執行長卡帝下台**：Edward Wong, "Under Fire for Perks, Chief Quits American Airlines," *The New York Times*, April 25, 2003, www.nytimes.com/2003/04/25/business/under-fire-for-perks-chief-quits-american-airlines.html.

117 **「嘴上說信任，就只是說說而已」**：Author's interview with DougParker.

118 **而看到自家員工三到四年薪資落後**："A Letter to American Employees from Doug Parker and Robert Isom on Team Member Pay," American Airlines Newsroom, April 26, 2017, news.aa.com/news/news-details/2017/A-letter-to-American-employees-from-Doug-Parker-and-Robert-Isom-on-team-member-pay/default.aspx.

119 **分析師克里西**："The Case Against 'Maximizing Shareholder Value,'" NPR, May 6, 2017, www.npr.org/2017/05/06/527139988/the-case-against-maximizing-shareholder-value.

120 **「美國航空給自家勞工團體」** John Biers, "American Airlines Defends Pay Increase As Shares Tumble," Yahoo Finance, April 27, 2017, finance.yahoo.com/news/american-airlines-boosts-employee-pay-earnings-fall-130526168.html.

121 **我們「必須努力」**：Author conversation with Doug Parker, May 3,

2019.

122 「最糟糕的行業是那種成長雖然快速」：Quoted in Adam Levine-Weinberg, "7 Ways Warren Buffett Blasted the Airline Industry—Before Investing Billions There," *Motley Fool*, March 5, 2017, www.fool.com/investing/2017/03/05/7-ways-warren-buffett-blasted-the-airline-industry.aspx.

123 「幫助全世界的人」：Walgreens Boots Alliance, "About us," "Vision, Purpose and Values," www.walgreens bootsalliance.com/about/vision-purpose-values.

124 「積極減少某些商店菸草製品」：Ronnie Cohen, "When CVS Stopped Selling Cigarettes, Some Customers Quit Smoking," Reuters, Health News, March 20, 2017, www.reuters.com/article/us-health-pharmacies-cigarettes/when-cvs-stopped-selling-cigarettes-some-customers-quit-smoking-idUSKBN16R2HY.

125 「我們會定期討論」：Lisa Schencker, "Why Is Walgreens Still Selling Cigarettes? Shareholders Want to Know," *Chicago Tribune*, January 26, 2017, www.chicagotribune.com/business/ct-walgreens-selling-cigarettes-0127-biz-20170126-story.html.

126 根據美國疾病管制中心的數據："Health Effects of Cigarette Smoking," Centers for Disease Control and Prevention, www.cdc.gov/tobacco/data_statistics/fact_sheets/health_effects/effects_cig_smoking/index.htm.

127 所有與吸菸相關的疾病："Economic Trends in Tobacco," Centers for Disease Control and Prevention, www.cdc.gov/tobacco/data_statistics/fact_sheets/economics/econ_facts/index.htm.

128 近70%的吸菸者表示希望戒菸：Centers for Disease Control Prevention (CDC), "Quitting Smoking Among Adults—United States, 2001–2010," MMWR. Morbidity and Mortality Weekly Report60, no.44(November11, 2011):1513–19, www.ncbi.nlm.nih.gov/pubmed?term=22071589; https://www.cdc.gov/tobacco/data_statistics/fact_sheets/cessation/quitting/index.htm

129 「你的健康和各方面的福祉」：Rite Aid, "About Us," "Our Story," www.riteaid.com/about-us/our-story.

130 「Rite Aid 提供廣泛的產品」：Paul Edward Parker, "Rite Aid Responds to CVS Decision to Stop Selling Tobacco," *Providence Journal*,

February 6, 2014, www.providencejournal.com/breaking-news/ content/20140206-rite-aid-responds-to-cvs-decision-to-stop-selling-tobacco. ece.

131　**CVS宣布下架店內所有香菸的第二天**：CVS Health, CVS Purpose Short, YouTube, October 9, 2017, www.youtube.com/ watch?v=Geq6HuItPN4.

132　「他們都在等輿論告訴他們該怎麼做」：Steve Lohr and Landon Thomas Jr., "The Case Some Executives Made for Sticking with Trump," *TheNewYorkTimes*, August17, 2017, www.nytimes.com/2017/08/17/business/ dealbook/as-executives-retreated-lone-voices-offered-support-for-trump. html.

國家圖書館出版品預行編目（CIP）資料

無限賽局 / 賽門・西奈克（Simon Sinek）著；黃庭敏譯 . -- 第一版 .
-- 臺北市：天下雜誌股份有限公司 , 2020.12
292 面；14.5×23 公分 . --（天下財經；426）
譯自：The infinite game
ISBN 978-986-398-634-8（平裝）
1. 企業領導　2. 組織管理　3. 職場成功法
494.2   109019723

天下財經 426

無限賽局
THE INFINITE GAME

作　　者／賽門‧西奈克（Simon Sinek）
譯　　者／黃庭敏
封面設計／Javick工作室
內頁排版／邱介惠
責任編輯／許　湘

發 行 人／殷允芃
出版部總編輯／吳韻儀
出 版 者／天下雜誌股份有限公司
地　　址／台北市 104 南京東路二段 139 號 11 樓
讀者服務／（02）2662-0332　傳真／（02）2662-6048
天下雜誌GROUP網址／http://www.cw.com.tw
劃撥帳號／01895001天下雜誌股份有限公司
法律顧問／台英國際商務法律事務所‧羅明通律師
製版印刷／中原造像股份有限公司
總經銷／大和圖書有限公司　電話／（02）8990-2588
出版日期／2020年12月30日第一版第一次印行
　　　　　2021年 4 月15日第一版第六次印行
定　　價／420 元

THE INFINITE GAME
Copyright © 2019 by SinekPartners, LLC
All rights reserved including the right of reproduction in whole or in part in any form.
This edition published by arrangement with the Portfolio, an imprint of Penguin Publishing Group,
a division of Penguin Random LLC.
through Andrew Nurnberg Associates International Limited
Complex Chinese Translation copyright © 2020
by CommonWealth Magazine Co., Ltd.
ALL RIGHTS RESERVED

書 號：BCCF0426P
ISBN：978-986-398-634-8（平裝）

直營門市書香花園 地址／台北市建國北路二段6巷11號 電話／（02）2506-1635
天下網路書店　https://shop.cwbook.com.tw
天下雜誌我讀網　http://books.cw.com.tw/
天下讀者俱樂部 Facebook　http://www.facebook.com/cwbookclub

本書如有缺頁、破損、裝訂錯誤，請寄回本公司調換